图 2-2　Udacity 汽车仿真的屏幕截图。左：自主控制器的图像输入。右：在受到影响控制器运行的攻击后，汽车突然偏离路面

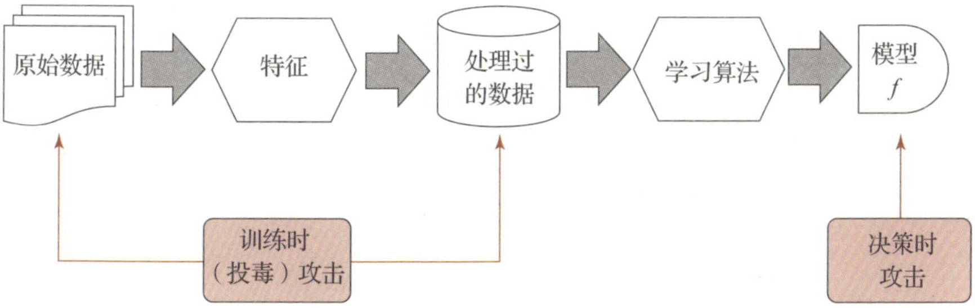

图 3-1　决策时攻击（对模型的攻击）和投毒攻击（对算法的攻击）之间的区别

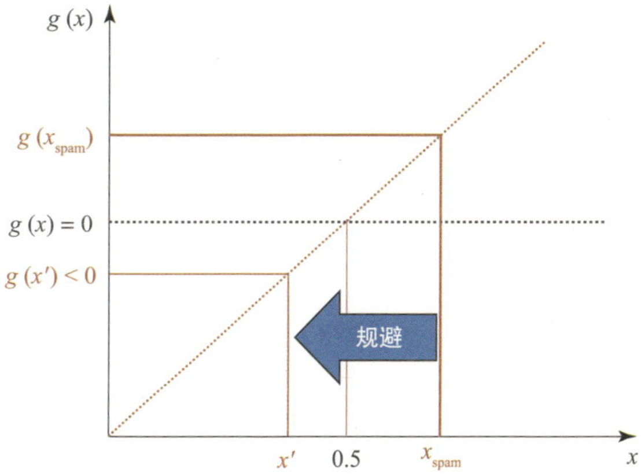

图 4-1　例 4.1 中的规避攻击说明

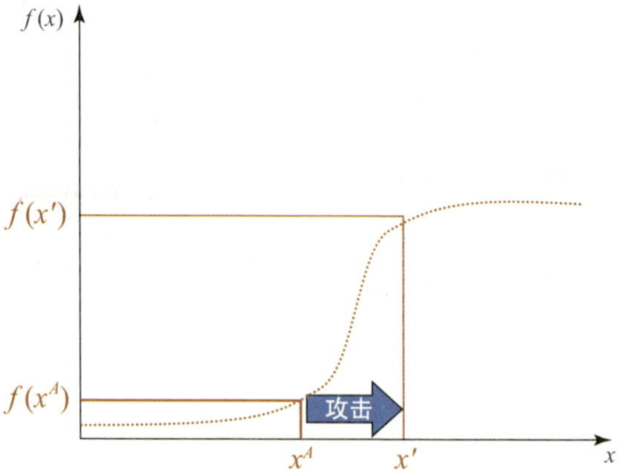

图 4-2　例 4.2 中对回归的决策时攻击的说明

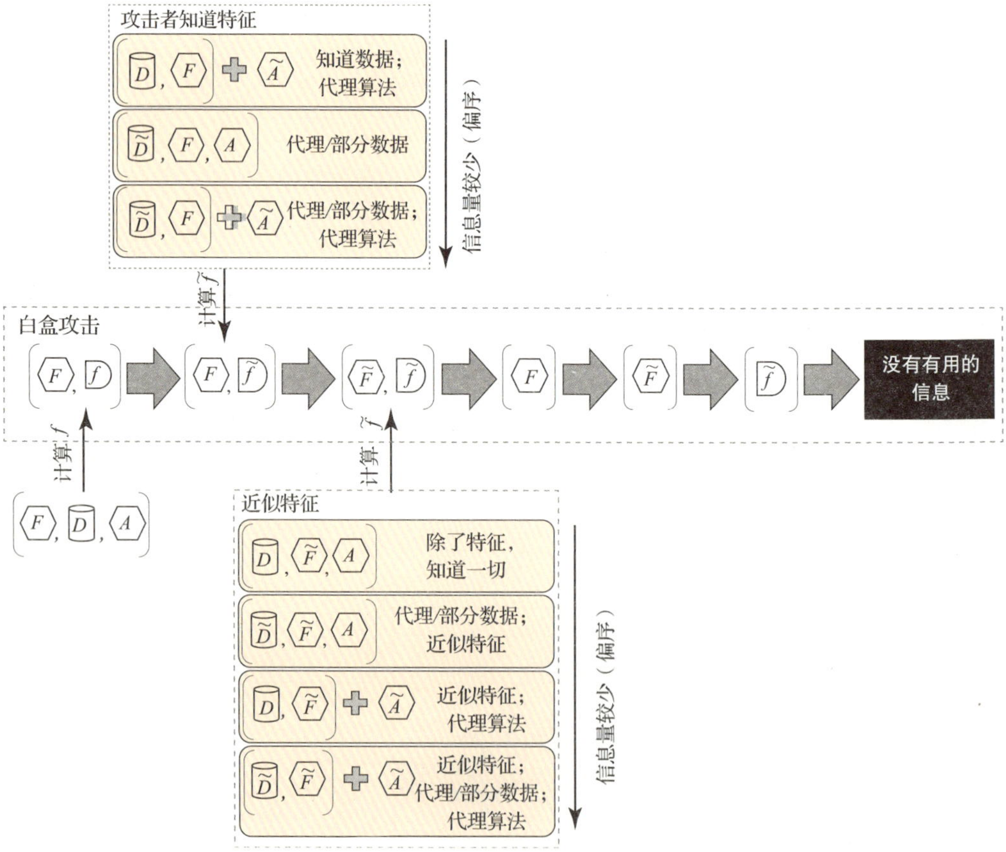

图 4-3　黑盒决策时攻击的层次结构示意图。F 表示真实特征空间，f 表示学习器使用的真实模型，A 表示实际学习算法，D 表示通过应用 A 来学习 f 时的数据集。$\widetilde{f}$ 是近似（代理）模型，$\widetilde{F}$ 是近似特征空间，$\widetilde{A}$ 是代理算法，$\widetilde{D}$ 是代理或部分数据集，其中所有代理是在相应的完整信息不可用的情况下派生或获得的

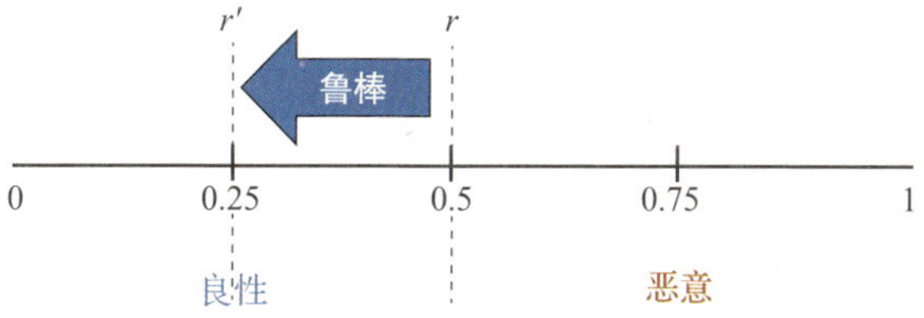

图 5-1　规避鲁棒的二元分类示例

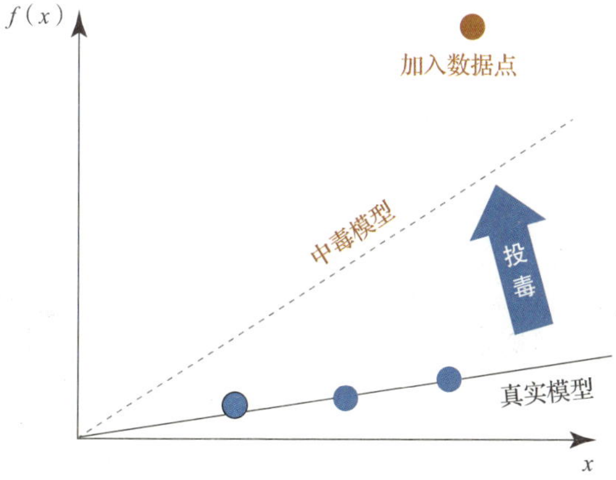

图 6-1　中毒的线性回归模型示例

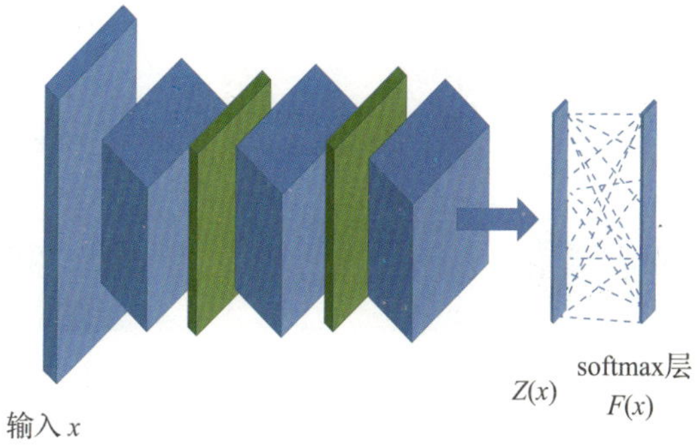

图 8-1　深度神经网络的示意图

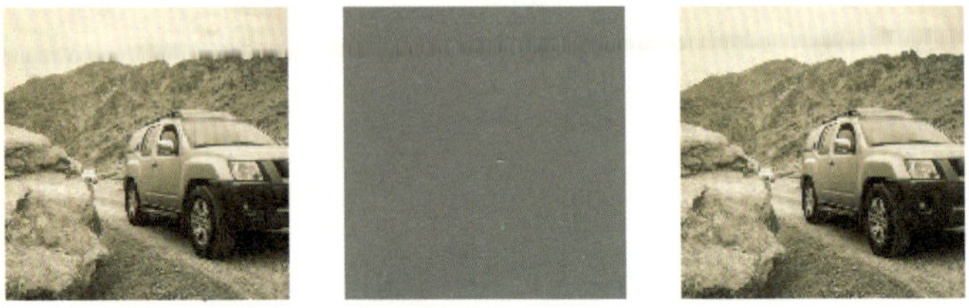

图 8-2　CW l_2 攻击的示意图。左：原始图像（被正确分类为吉普车）。中：（放大的）对抗噪声。右：受到扰动的图像（被错误分类为小货车）

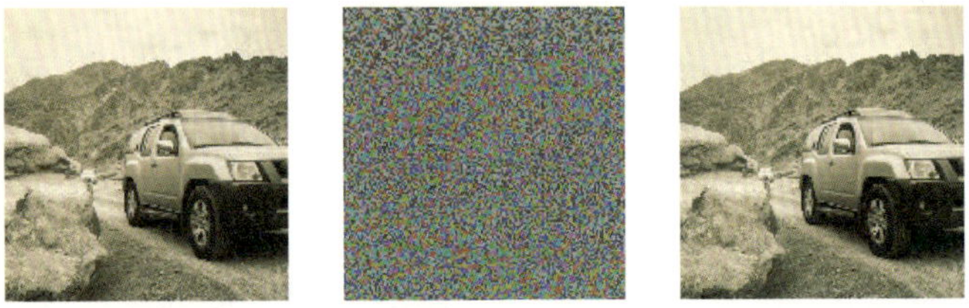

图 8-3　$\varepsilon = 0.004$ 的 FGSM 攻击的示意图。左：原始图像（被正确分类为吉普车）。中：（放大的）对抗噪声。右：受到扰动的图像（被错误分类为小货车）。注意这种攻击方法加入的噪声与图 8-2 中的 CW l_2 攻击相比大得多

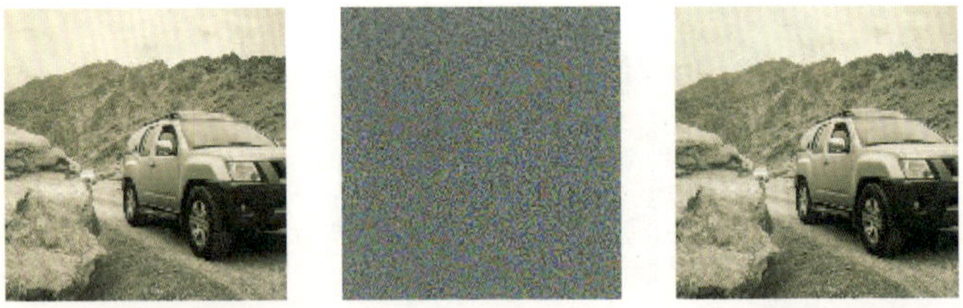

图 8-4　使用八步梯度的迭代 FGSM 攻击的示意图。左：原始图像（被正确分类为吉普车）。中：（放大的）对抗噪声。右：受到扰动的图像（被错误分类为小货车）

智能科学与技术丛书

Adversarial Machine Learning

对抗机器学习

机器学习系统中的攻击和防御

[美] 叶夫根尼·沃罗贝基克（Yevgeniy Vorobeychik）
穆拉特·坎塔尔乔格卢（Murat Kantarcioglu） ◎著

王坤峰 王雨桐 ◎译

机械工业出版社
China Machine Press

图书在版编目（CIP）数据

对抗机器学习：机器学习系统中的攻击和防御 /（美）叶夫根尼·沃罗贝基克（Yevgeniy Vorobeychik），（美）穆拉特·坎塔尔乔格卢（Murat Kantarcioglu）著；王坤峰，王雨桐译．—北京：机械工业出版社，2019.12（2020.12 重印）
（智能科学与技术丛书）
书名原文：Adversarial Machine Learning

ISBN 978-7-111-64304-3

I. 对… II. ①叶… ②穆… ③王… ④王… III. 机器学习－安全技术 IV. TP181

中国版本图书馆 CIP 数据核字（2019）第 264063 号

本书版权登记号：图字 01-2018-8784

本书讨论机器学习中的安全性问题，即讨论各种干扰机器学习系统输出正确结果的攻击方法以及对应的防御方法。书中首先回顾机器学习的概念和方法，提出对机器学习攻击的总体分类。然后讨论两种主要类型的攻击和相关防御：决策时攻击和投毒攻击。之后，讨论针对深度学习的攻击的新技术，以及提高深度神经网络鲁棒性的方法。最后，讨论对抗学习领域的几个重要问题。

本书旨在为读者提供在对抗环境下成功从事机器学习研究和实践所必需的工具，适合对对抗机器学习领域感兴趣的读者阅读。

对抗机器学习：机器学习系统中的攻击和防御

出版发行：机械工业出版社（北京市西城区百万庄大街 22 号 邮政编码：100037）

责任编辑：迟振春	责任校对：殷 虹
印　　刷：大厂回族自治县益利印刷有限公司	版　　次：2020 年 12 月第 1 版第 2 次印刷
开　　本：185mm×260mm 1/16	印　　张：10.25（含 0.25 印张彩插）
书　　号：ISBN 978-7-111-64304-3	定　　价：69.00 元

客服电话：（010）88361066 88379833 68326294　　投稿热线：（010）88379604
华章网站：www.hzbook.com　　读者信箱：hzit@hzbook.com

译者序

本书旨在讨论机器学习中的安全性问题，即讨论各种干扰机器学习系统输出正确结果的攻击方法以及对应的防御方法。众所周知，机器学习自出现之初就因其优异的性能，应用于各种分类和回归任务。随着深度学习的提出，这一领域更是得到前所未有的蓬勃发展。目前，深度学习在计算机视觉、语音识别、自然语言处理等复杂任务中取得了已知最好的结果，已经被广泛应用于自动驾驶、人脸识别等领域。在一系列重大进展面前，人们很容易忽视阳光背后的阴影——对抗攻击。与很多实用性技术一样，机器学习同样面临着安全性的考验。从早期的垃圾邮件过滤程序开始，已经体现出对抗的思想，其本质是双方的对抗博弈：一方面，垃圾邮件制造者想方设法躲避过滤程序的筛选；另一方面，过滤程序又尽可能正确地筛选出垃圾邮件。

2014 年，Christian Szegedy 等人首次提出针对图像的对抗样本这一概念。他们将计算得到的扰动噪声加入原始图像，使得能够正确分类原始图像的分类器对加入扰动的图像产生错误分类。而这个扰动的幅度很小，人眼观察是不会错分的。这一发现揭露了深度学习技术在安全方面的极大缺陷，从而使得人们更加谨慎地看待深度学习在实际中的应用。随后的研究进一步发现，不仅是像素级别的扰动，真实世界中的扰动即便通过摄像机采集，也具有攻击性。例如，对停车标志附加一些贴纸或涂鸦，它便被交通标志识别系统错误识别为限速标志；真人戴上一副特制的眼镜，就被人脸识别系统错误识别为另一个人。如果这些对抗攻击方法被用来干扰自动驾驶、人脸识别等应用系统，后果将不堪设想。

于是，深度学习中的对抗攻击引起了研究人员的极大关注，他们也相应提出了一系列的攻击和防御方法。然而，随着各种攻击方法的产生，提出的防御方法看似抵御了这些攻击，但是新出现的攻击却又轻而易举地躲避了这些防御方法。研究在不断发展，但仍距真相甚远。这是因为一旦涉及深度学习，问题就变得极端复杂。至今，人们仍不完全清楚神经网络这个黑盒里面到底学到了什么特性。甚至有研究指出，神经网络完成的分类任务仅是靠辨别局部的颜色和纹理信息，这使得自然的对抗样本，即便不是人为加入的扰动，而是真实采集到的图像，也能够成功地欺骗神经网络。这也支持了许多学者的观点，即神经网络只是学习了数据，而非知识，机器学习还无法像人一样学习。这项难题的最终解决，或许依赖于对神经网络的透彻理解，以及对神经网络结构的改进。弄清楚神经网络内部的学习机制，并据此进行改进，或许才能真正解决目前神经网络对于对抗攻击的脆弱性。

以对抗样本生成和防御为核心的对抗深度学习，无疑是对抗机器学习领域目前最受关注的研究热点。但是，本书涉及更宽广的主题，从攻击时机、攻击者可以利用的信息、攻击目标三个维度，全面论述了监督学习、无监督学习以及强化学习系统中的攻击和防御技术。这对于读者全面系统地掌握对抗机器学习的理论、方法及应用，以及深入开展深度学习的攻击和防御问题研究，都是至关重要的。

本书的翻译工作是由王坤峰和王雨桐合作完成的。王坤峰负责第1～5章的翻译初稿，王雨桐负责第6～9章的翻译初稿。最后，王坤峰对全书进行了校正统稿。

我们非常荣幸受到机械工业出版社的邀请翻译本书。在翻译过程中，我们努力将内容讲解清楚，但是限于我们的英文能力和专业水平，译文中难免出现疏漏和错误，欢迎读者批评指正。翻译本书的目的，不仅是希望研究人员更多地关注对抗攻击和防御的思想，更希望大家把目光跳出机器学习本身，全面了解它的脆弱性，推动机器学习技术更好地发展和应用。

王坤峰　王雨桐

2019年9月30日

前言

近年来，对抗机器学习研究领域受到了广泛的关注，其中很多关注都集中在一种称为对抗样本的现象上。它的常见形式是，对抗样本获取一幅图像，并添加人类观察者通常看不见的少量失真，从而改变图像的预测标签(举一个最著名的例子，将熊猫预测为长臂猿)。但是，本书不是专门针对对抗样本的探索。相反，我们的目标是更宽泛地解释对抗机器学习领域，顾及监督学习和无监督学习，以及对训练数据的攻击(投毒攻击)和决策(预测)时攻击，其中对抗样本只是一种特殊情况。我们试图传达这个快速发展领域的基本概念，以及技术和概念上的研究进展。特别是，除了介绍性材料外，本书的流程是首先描述用于攻击机器学习的算法技术，然后描述使机器学习对此类攻击具有鲁棒性的算法进展。在第 8 章，我们概述了针对深度学习方法的一些最新进展。虽然在更宽广的对抗学习领域看到这类方法很重要，但是在深度神经网络背景下，这一章描述的动机、技术和经验观察最为突出(尽管许多技术方法在原理上是相当通用的)。

本书假设读者对相关知识有足够的了解。虽然书中介绍了机器学习的概念、术语和符号，但可能需要读者事先对机器学习有一定程度的熟悉，这样才能完全掌握技术内容。另外，我们希望读者对统计学和线性代数具有某种程度的熟悉，并对优化有一些先验知识(特别是，本书关于凸优化的叙述和对梯度下降等技术的讨论都假设读者熟悉这些概念)。

Yevgeniy Vorobeychik

Murat Kantarcioglu

2018 年 6 月

致 谢

Adversarial Machine Learning

我们要感谢许多同事和学生，他们通过与我们合作进行相关研究，或者通过以书面或口头报告形式对一些内容进行评论并纠正错误，帮助我们使本书面世。特别感谢Bo Li、Chang Liu 和 Aline Oprea 对部分技术内容的贡献以及众多的相关讨论。我们还要感谢围绕本书陈述的主题进行讨论的许多人，包括 Daniel Lowd、Pedro Domingos、Dawn Song、Patrick McDaniels、Milind Tambe、Arunesh Sinha、Michael Wellman。我们特别感谢 Matthew Sedam 发现了书稿内容的一些错误，感谢 Scott Alfeld 和 Battista Biggio 提出了显著改进本书质量的建议。最后，我们衷心感谢资助本书以及许多相关研究论文的组织/机构：美国国家科学基金会(IIS-1649972)、陆军研究局(W911NF-16-1-0069)、海军研究局(N00014-15-1-2621)和美国国家卫生研究院(R01HG006844)。

Yevgeniy Vorobeychik

Murat Kantarcioglu

2018 年 6 月

Yevgeniy Vorobeychik

Yevgeniy Vorobeychik 是美国范德堡大学的计算机科学、计算机工程和生物医学信息学助理教授。此前，他是桑迪亚国家实验室的首席研究员(Principal Research Scientist)。2008 至 2010 年，他在宾夕法尼亚大学计算机与信息科学系担任博士后研究员。他在密歇根大学获得了计算机科学与工程博士(2008)和硕士(2004)学位，在西北大学获得了计算机工程学士学位。他的工作重点是安全和隐私的博弈论建模、对抗机器学习、算法与行为博弈论和激励设计、优化、基于代理的建模、复杂系统、网络科学和流行病控制。Vorobeychik 博士于 2017 年获得 NSF CAREER 奖，并受邀参加了 IJCAI-16 早期职业焦点演讲。他被提名 2008 年 ACM 博士论文奖，并获得了 2008 年 IFAAMAS 杰出论文奖的荣誉提名。

Murat Kantarcioglu

Murat Kantarcioglu 是美国得克萨斯大学达拉斯分校的计算机科学教授和 UTD 数据安全与隐私实验室主任。目前，他还是哈佛大学数据隐私实验室的访问学者。他拥有中东技术大学计算机工程学士学位、普渡大学计算机科学硕士和博士学位。

Kantarcioglu 博士的研究重点是创造能够有效地从任何数据中提取有用的信息而不牺牲隐私或安全的技术。他的研究获得了 NSF、AFOSR、ONR、NSA 和 NIH 的经费支持。他已经发表了超过 175 篇同行评审论文，并被《波士顿环球报》《ABC 新闻》等媒体报道过，获得了三项最佳论文奖。除此之外，他还获得了其他各种奖项，包括 NSF CAREER 奖、普渡 CERIAS 钻石学术卓越奖、AMIA(美国医学信息学会)2014 年 Homer R. Warner 奖和 IEEE ISI(情报与安全信息学)2017 年技术成就奖(由 IEEE SMC 和 IEEE ITS 协会联合颁发，以表彰他在数据安全和隐私方面的研究成就)。他是 ACM 的杰出科学家。

译者简介

Adversarial Machine Learning

王坤峰

王坤峰是北京化工大学信息科学与技术学院教授。他于2003年7月获得北京航空航天大学材料科学与工程专业学士学位，于2008年7月获得中国科学院研究生院控制理论与控制工程专业博士学位。2008年7月至2019年7月，他在中国科学院自动化研究所工作，历任助理研究员、副研究员，其中2015年12月至2017年1月，在美国佐治亚理工学院做访问学者。2019年8月，他调入北京化工大学，任教授。

他的研究方向包括计算机视觉、机器学习、智能交通和自动驾驶。他主持和参加了国家自然科学基金、国家重点研发计划、863、973、中科院院地合作项目、国家电网公司科技项目等科研项目20多项，在国内外期刊和会议上发表学术论文70多篇，其中SCI论文20多篇。他获授权国家发明专利17项，获得2011年中国自动化学会技术发明一等奖、2018年中国自动化学会科学技术进步特等奖。现为IEEE Senior Member、中国自动化学会高级会员、中国自动化学会平行智能专委会副主任、模式识别与机器智能专委会委员、混合智能专委会委员、中国计算机学会计算机视觉专委会委员、中国图象图形学学会机器视觉专委会委员、视觉大数据专委会委员。他目前担任国际期刊《IEEE Transactions on Intelligent Transportation Systems》编委，曾经担任《Neurocomputing》专刊和《自动化学报》专刊客座编委。

王雨桐

王雨桐是中国科学院大学人工智能学院和中国科学院自动化研究所直博研究生。她于2016年获得哈尔滨工程大学自动化专业学士学位。她的研究方向是对抗深度学习、深度学习的安全性与可解释性，尤其专注于图像分类和目标检测任务中的对抗攻击和防御。她已经在《IEEE Transactions on Vehicular Technology》《Neurocomputing》《IEEE Intelligent Vehicles Symposium》《模式识别与人工智能》以及中国自动化大会等国内外期刊和会议上发表了多篇论文。

引　言

随着机器学习技术逐渐以计算为主流，它们的应用也成倍增加了。如果没有机器学习，在线广告和程序化交易在今天是不可想象的，机器学习技术日益进入健康信息学、欺诈检测、计算机视觉、机器翻译和自然语言理解等领域。然而，本书最关注的是机器学习技术在安全方面的应用越来越多，尤其是在网络安全方面。原因在于，安全问题顾名思义是对抗的，其中有一些*防御者*(即正方)，例如网络管理员、反病毒公司、防火墙制造商、计算机用户等，尽管受到外部威胁，仍试图保持高效工作；也有一些*攻击者*(即反方)，他们散布恶意软件、发送垃圾邮件和网络钓鱼邮件、入侵易受攻击的计算设备、窃取数据，或执行拒绝服务攻击(无论他们出于什么恶意目的)。

机器学习技术在安全应用中的一个自然用途是检测，例如对垃圾邮件、恶意软件、入侵和异常的检测。以检测恶意电子邮件(垃圾邮件或网络钓鱼邮件)为例。我们可以从获取良性和恶意电子邮件(例如垃圾邮件)的有标记数据集开始，数据集包含电子邮件文本和任何其他相关信息(例如使用元数据，如发送方 IP 的 DNS 注册信息)。为了说明，我们将电子邮件文本作为有关电子邮件性质(恶意或良性)的唯一信息。数据集被转换成特征向量，这些特征向量包括文本内容以及与两种类型(恶意与良性)相对应的数值标签。用数值表示文档的一种常见方法是使用*词袋*(bag-of-words)表示。在词袋表示中，我们构建一个可能出现在电子邮件中的词汇字典，然后通过考虑字典中每个词汇在电子邮件文本中出现的频率，为给定的电子邮件创建一个特征向量。在更简单的二元词袋表示中，每个特征简单地反映相应的词汇是否出现在电子邮件文本中；另一种实值表示考虑了词汇在电子邮件中出现的次数，或词频-反文档频率(term frequency-inverse document frequency，tf-idf)[Rajaraman and Ullman，2012]。一旦数据集被编码成数值格式，我们就可以训练一个分类器，根据电子邮件文本及其词袋特征表示来预测一封新的电子邮件是不是垃圾邮件或网络钓鱼邮件。

根据对过去数据的一项评测，对于足够大的数据集，利用最先进的机器学习(分
1 类)工具，可以非常有效地检测垃圾邮件或网络钓鱼邮件。这一情景之所以具有对抗性，是因为垃圾邮件和网络钓鱼邮件是由恶意实施者按照特定目标故意生成的。如果他们的电子邮件被成功检测因而没有到达预定的目的地(即用户邮箱)，那么这些恶意实施者肯定会感到沮丧。垃圾邮件传播者面临两个选择：要么不再发送垃圾邮件，要么改变他们构建垃圾邮件的方式，以规避垃圾邮件检测器。垃圾邮件传播者的这种对抗性的分类器规避是对抗机器学习的典型案例。

图1-1通过一个例子来说明对垃圾邮件/网络钓鱼检测器的规避。在这种情况下，一个恶意组织伪造了一封网络钓鱼邮件，如图1-1左图所示，它试图欺骗收件人点击一个嵌入的恶意链接(该嵌入链接在本图中被删除了)。现在，假设部署了一个有效的垃圾邮件检测器，这样左边的电子邮件就被归类为恶意邮件，并被垃圾邮件过滤器过滤掉。网络钓鱼邮件的创建者可以重写电子邮件的文本，如图1-1右图中的例子所示。同时考虑这两封电子邮件，可以发现攻击的性质。一方面，一般的消息内容仍然是最主要的，它向收件人传达了这是一份可以轻松获取的兼职收入，并且仍然引导他们点击嵌入的恶意链接。另一方面，消息文本现在与原始文本有了极大的不同，这样从过去数据中学习到的垃圾邮件检测器就不再将其视为恶意邮件。

Greetings, After reviewing your Linkedin profile, our company would like to present you a part-time job offer as a finance officer in your region. This job does not require any previous experience. Here is a list of tasks that our employee should accomplish: 1. Receive payment from our customers into your bank account. 2. Keep your commission fee of 10% from the payment amount. 3. Send the rest of the payment to one of our payment receivers in Europe via Moneygram or Western Union. For more details of the job, click here. After enrolling to our-part time job you will be contacted by one of our human resource staff. Thanks, Karen Hoffman. Human Resource Manager.	Greetings, Our company is looking to expand and after reviewing your Linkedin profile, we would like to present you a part-time job offer as a finance officer in your region. This job does not require any previous experience. For more details about this job offer, click here. After enrollment you will be contacted by one of our human resource staff. Thanks, Karen Hoffman, Human Resource Manager.

图1-1　网络钓鱼情景下的对抗规避示例。左图：原始网络钓鱼邮件示例；右图：重写后
2 被分类为良性的网络钓鱼邮件

典型的实现方式可以去除“垃圾”词汇(即倾向于增加检测器恶意评分的词汇)，或者偷偷添加被检测器视为良性的词汇(这种策略通常被称为*说好话攻击*(good-word attack)[Lowd and Meek，2005b])。

这两个相互冲突的目标——规避检测，同时达到最初的攻击目标——通常是规避攻击(evasion attack)的核心。在恶意软件检测中，与垃圾邮件一样，攻击者希望修改恶意软件代码，使其被检测器分类为良性，同时保持最初的或者等效的恶意功能。在入侵检测系统中，黑客希望修改自动化工具和手工处理程序，使其看起来更加友好，但是同时仍然成功地执行了漏洞攻击。

虽然规避攻击在机器学习的对抗性应用中似乎最为自然，但许多其他例子表明，对抗机器学习问题的范围要宽泛得多。例如，以检测器学习为目的而获得有标记训练数据，由于恶意实施者操纵了用于训练学习算法的数据，会使学习算法暴露于*投毒攻击*(poisoning attack)中。对恶意软件或黑客企图的取证分析可能希望使用聚类来尝试对攻击的性质(包括其属性)进行分类，但这样做可能容易受到*蓄意攻击*(deliberate attack)的干扰，这些蓄意攻击通过稍微改变攻击的性质来操纵聚类分配，从而导致错误的分类与归属。此外，对抗学习也比网络安全应用更广泛。例如，在物理安全中，通过视频监测检测恶意活动的问题在本质上是对抗的：聪明的攻击者可能会操纵其外观或其他因素(例如怎样进行恶意活动)，以避免被检测到。信用卡欺诈检测使用异常检测方法来确定某一特定行为是否因其高度意外的特点而应受到警告，但是同样，它也可能容易受到攻击的干扰，使大多数信用卡用户的交易看起来是正常的。另一个例子是，使用机器学习的程序化交易技术可能容易受到竞争对手的利用，这些竞争对手进行市场交易的唯一目的是操纵预期价格，并利用由此产生的套利机会赚取利润(这些通常被称为欺诈订单[Montgomery，2016])。

系统地研究*对抗机器学习*旨在正式探究在对抗环境中使用机器学习技术所带来的问题，在这种环境中，智能对手试图利用此类技术的弱点。这项研究包括两个基本方面：(1)对机器学习所受攻击的建模与调查；(2)开发能够在对抗操作下具有鲁棒性的机器学习技术。

在本书中，我们将研究对抗学习中的许多常见问题。我们从标准机器学习方法的概述入手，讨论如何将它们应用于对抗性情景(第2章)，我们在这一章中确

定符号，并提供本书核心内容的背景知识。接下来，我们将对机器学习方法的攻
3 击进行分类，为后续的主题讲解提供一个一般性的概念框架(第 3 章)。然后，我们考虑对学习模型制定的决策的攻击问题(第 4 章)，然后继续讨论使学习算法对此类攻击具有鲁棒性的一些技术(第 5 章)。此后，我们考虑学习算法使用的训练数据的中毒问题(第 6 章)，然后讨论使算法对中毒训练数据具有鲁棒性的技术(第 7 章)。第 8 章论述对抗学习的一个最新变化，特别是应对那些计算机视觉问题中的深度神经网络。在这一章，我们概述了针对计算机视觉的深度学习模型的主要
4 攻击类型，并提出一些方法来学习更多鲁棒性深度学习模型。

第2章

Adversarial Machine Learning

机器学习预备知识

为了使本书具有合理的独立性，我们从一些机器学习基础开始。机器学习通常大致分为三个主要领域：监督学习、无监督学习和强化学习。虽然在实践中这种划分并不是绝对的，但它们为本书的目的提供了一个良好的起点。

我们首先提供学习的示意图，如图 2-1 所示。在这个示意图表示中，学习被视为一个管道，它从原始数据开始，例如原始数据可以是一组可执行文件，带有相关的标签，指示文件是良性的还是恶意的。然后处理该原始数据，从每个实例 i 提取数值特征，获得相关的特征向量 x_i（例如，x_i 可以是二元变量的集合，表示在特定系统调用的可执行文件中是否存在恶意）。这就变成了*处理过的数据*，但此后我们将其简单称为*数据*，因为对于这个处理过的数据集，我们可以应用学习算法——流程的下一步。最后，学习算法输出一个*模型*，该模型可以是数据的数学模型（例如数据的分布），也可以是预测未来实例标签的函数。

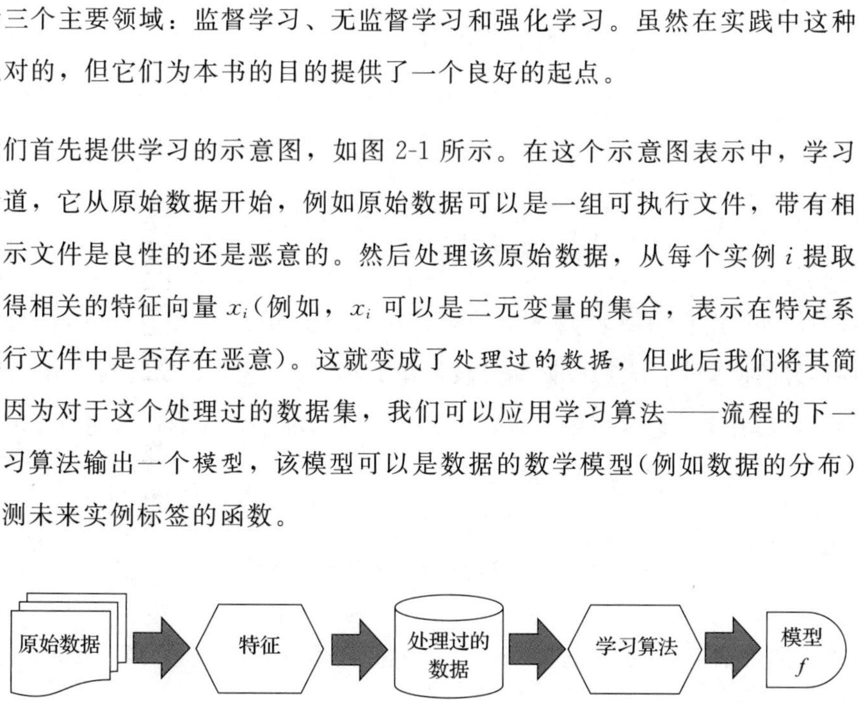

图 2-1　机器学习的示意图

2.1　监督学习

在监督学习中，我们有一个模型类 $\mathcal{F}$ 和特征向量 $x_i \in \mathcal{X} \subseteq \mathbb{R}^m$ 的数据集 $\mathcal{D}=\{x_i, y_i\}_{i=1}^n$，其中 $\mathcal{X}$ 是特征空间，标签 y_i 来自某个标签集合 $\mathcal{Y}$。该数据集通常被假设为从未知分布 $\mathcal{P}$ 中独立同分布地生成，即 $(x_i, y_i) \sim \mathcal{P}$。最终目标是寻找模型 $f \in \mathcal{F}$，其具有以下性质：

$$\mathbb{E}_{(x,y)\sim\mathcal{P}}[l(f(x),y)] \leqslant \mathbb{E}_{(x,y)\sim\mathcal{P}}[l(f'(x),y)] \quad \forall f' \in \mathcal{F} \tag{2-1}$$

其中 $l(f(x), y)$ 通常称为*损失函数*，测量 $f(x)$ 预测真实标签 y 的误差。简单来说，如果存在我们正在努力学习的某个“真实”函数 h，目标是寻找 $f\in\mathcal{F}$，在给定模型类对我们施加约束的情况下，f 尽可能接近 h。考虑到目标函数 h 这个概念，我们可以将公式(2-1)重新表述如下：

$$\mathbb{E}_{x\sim\mathcal{P}}[l(f(x),h(x))]\leqslant\mathbb{E}_{x\sim\mathcal{P}}[l(f'(x),h(x))]\quad\forall f'\in\mathcal{F}\tag{2-2}$$

这种特殊情况可能更容易让人记住。

实际中，既然 $\mathcal{P}$ 是未知的，我们使用训练数据 $\mathcal{D}$，以找到一个候选模型 f，这是对数据标签的一个良好近似。这就产生了以下问题——最小化经验风险(通常称为经验风险最小化(empirical risk minimization)，缩写为 ERM)：

$$\min_{f\in\mathcal{F}}\sum_{i\in\mathcal{D}}l(f(x_i),y_i)+\gamma\rho(f)\tag{2-3}$$

公式中经常增加一个正则项 $\rho(f)$来惩罚候选模型 f 的复杂度(根据奥卡姆剃刀原则，在多个同样好的模型中，人们应该偏爱较简单的模型)。通常，模型类 $\mathcal{F}$ 中的函数有参数化表示，具有实向量空间中的参数 w。在这种情况下，我们通常将 ERM 问题表示为

$$\min_{w}\sum_{i\in\mathcal{D}}l(f(x_i;w),y_i)+\gamma\rho(w)\tag{2-4}$$

正则项 $\rho(w)$通常采用 w 的 l_p 范数$\|w\|_p^p$；常见的例子包括 l_1 范数(或 lasso)$\|w\|_1$ 和 l_2 范数$\|w\|_2^2$。

监督学习通常被细分为两类：回归和分类。回归对应的标签是实数值，即 $\mathcal{Y}=\mathbb{R}$；分类对应的标签是一个有限集合。下面我们简要讨论一下。

2.1.1 回归学习

在回归学习中，由于标签是实数值，因此我们不可能精确地得到它们。适当的损失函数将对我们做出远离真实标签的预测进行惩罚，通常可以表述为 l_p 范数：

$$l(f(x),y)=\|f(x)-y\|_p^p$$

事实上，这里主要使用 l_1 范数或 l_2(欧几里得)范数，极少使用其他范数。

为了使回归学习更加具体，以线性回归为例进行讨论。在这种情况下，模型类 $\mathcal{F}$ 是所有 m 维线性函数的集合(或者等价地，所有系数 $w \in \mathbb{R}^m$ 的集合)加上一个偏置项 $b \in \mathbb{R}$，任意线性函数可以表示为 $f(x) = w^{\mathrm{T}}x + b = \sum_{j=1}^{m} w_j x_j + b$。如果我们引入一个 6
额外的常数特征 $x_{m+1}=1$，就可以等价地将线性模型写为 $f(x)=w^{\mathrm{T}}x$；因此，我们经常使用后一种版本。我们的目标是找到一些参数 w 来最小化训练数据上的误差：

$$\min_{w \in \mathbb{R}^m} \sum_{i \in \mathcal{D}} l(w^{\mathrm{T}}x_i, y_i)$$

常用的标准普通最小二乘(ordinary least squares，OLS)回归使我们能够用欧几里得(l_2)范数作为损失函数，将一阶导数设为零，得到这个问题的封闭解。施加 l_1(lasso)正则化(即，将 $\|w\|_1$ 添加到目标中)通常会导致稀疏模型，其中许多特征权值 $w_j=0$。另一方面，利用 l_2 正则化($\|w\|_2^2$)会导致*岭回归*(ridge regression)，模型系数在幅度上收缩，但一般不精确为 0。

2.1.2 分类学习

在最基本的分类学习版本中，我们有两个类。一种方便的表达方式是 $\mathcal{Y}=\{-1, +1\}$，这种表达在对抗情况下尤为自然，其中 -1 表示“良性”(正常电子邮件、合法网络流量等)，而 $+1$ 对应于“恶意”(垃圾邮件、恶意软件、入侵尝试等)。现在，我们可以方便地将一个分类器表示成如下形式：

$$f(x) = \mathrm{sgn}\{g(x)\}$$

其中 $g(x)$ 返回一个实数值。换句话说，当 $g(x)$ 为负时，我们返回类别 -1，而 $g(x)$ 为正暗示返回 $+1$。对于理解分类问题的许多攻击方法的本质，这种分解是至关重要的。我们将 $g(x)$ 称为*分类得分函数*(classification score function)，或者简称为得分函数。

在分类中，“理想的”损失函数通常是一个指示函数：如果预测的类别标签与真实值不符，则损失为 1，否则为 0(这通常称为 0/1 损失)。该损失函数的主要挑战在于它是非凸的，使得经验风险最小化问题相当具有挑战性。因此，经常使用一些替代方案。

一种通用的方法是使用基于得分(score-based)的损失函数，它将得分函数 $g(x)$而不是 $f(x)$作为输入。要想了解这样的损失函数是如何构建的，可以看到当且仅当下式成立时分类决策是正确的(即 $f(x)=y$)：

$$yg(x)\geqslant 0$$

也就是说，y 和 $g(x)$有相同的符号。此外，当它们的符号不同时，更大的 $|yg(x)|$ 意味着这种差异更大，换句话说，得分函数允许我们赋予分类错误的程度(magnitude)。
7 因此，基于得分的损失函数可以自然地表示为 $l(yg(x))$。例如，0/1 损失变成

$$l_{01}(yg(x))=\begin{cases}1 & \text{如果 } yg(x)\geqslant 0\\ 0 & \text{否则}\end{cases}$$

当然，它仍然是非凸的。一种典型的替代方法是使用 0/1 损失函数的凸松弛，从而对于模型参数为凸的 $g(x)$导致凸优化问题。常见的例子是铰链损失 $l_h(yg(x))=\max\{0, 1-yg(x)\}$(被支持向量机所采用)和逻辑损失 $l_l(yg(x))=\log(1+e^{-yg(x)})$(被逻辑回归所采用)。

作为一个例子，考虑线性分类。在这种情况下，$g(x)=w^{\mathrm{T}}x$ 是一个线性函数，并且与线性回归一样，我们的目标是找到特征权值 w 的一个最优向量。如果我们使用铰链损失和 l_2 正则化，则可以得到 ERM 的以下优化问题：

$$\min_{w}\sum_{i\in\mathcal{D}}\max\{0,1-y_i w^{\mathrm{T}}x_i\}+\gamma\|w\|_2^2$$

这正是线性支持向量机求解的优化问题[Bishop，2011]。

将这些思想推广到多类分类问题的一种方法是：为特征向量 x 和类别标签 y 定义一个通用的得分函数 $g(x, y)$。则分类决策变为

$$f(x)=\arg\max_{y\in\mathcal{Y}}g(x,y)$$

作为一个例子，给定特征向量 x，假设 $g(x, y)$编码了标签 $\mathcal{Y}$上的概率分布，即 $g(x, y)=\Pr\{y|x\}$(例如，这是用于图像分类的深度神经网络模型的一种常见情况)。则 $f(x)$变成最可能的标签 $y\in\mathcal{Y}$。

2.1.3 PAC 可学习性

PAC(Probably Approximately Correct)可学习性是机器学习的一个重要理论框架。在这里，我们针对二元分类问题讲述它的主要思想。形式上，令 $\mathcal{F}$ 是防御者考虑的可能分类器的类型(即，防御者的假设或模型类)。用$(x, y)\sim\mathcal{P}$表示实例，其中 $x\in X$ 是输入特征向量，y 是取值为$\{0, 1\}$的标签。为了简化说明，假设 $y=h(x)$，函数 $h(x)$并不一定属于 $\mathcal{F}$(即，输出是输入 x 的确定性函数，例如 x 的真实分类为良性或恶意)。对于任意 $f\in\mathcal{F}$，用 $e(f)=\Pr_{x\sim\mathcal{P}}[f(x)\neq h(x)]$表示 f 相对于 $\mathcal{P}$ 的期望误差，并且定义 $e_{\mathcal{F}}=\inf_{f\in\mathcal{F}}e(f)$为任意函数 $f\in\mathcal{F}$ 可以实现的最优(最小)误差。令 $z^m=\{(x_1, y_1), \cdots, (x_m, y_m)\}$表示根据 $\mathcal{P}$ 生成的数据，令 Z^m 表示所有可能的 z^m 的集合。

定义 2.1 令 $\mathcal{F}$ 是将 x 映射到$\{0, 1\}$的一类函数。一种**学习算法**是一个函数 L：$\bigcup_{m\geqslant 1}Z^m\rightarrow\mathcal{F}$。如果 $\mathcal{F}$ 存在一种学习算法具有如下性质：对于任意 ε，$\delta\in(0, 1)$和任意 8
$\mathcal{P}$，存在 $m_0(\varepsilon, \delta)$，使得对于所有的$m\geqslant m_0(\varepsilon, \delta)$，都有$\Pr_{z^m\sim\mathcal{P}}\{e(L(z^m))\leqslant e_{\mathcal{F}}+\varepsilon\}\geqslant 1-\delta$，我们就说 $\mathcal{F}$ 是 PAC **可学习的**。如果 $m_0(\varepsilon, \delta)$在$\frac{1}{\varepsilon}$和$\frac{1}{\delta}$上是多项式的，并且 $\mathcal{F}$ 存在一种学习算法，在运行时间上相对于 m、$\frac{1}{\varepsilon}$和$\frac{1}{\delta}$是多项式的，我们则说它是高效(多项式)PAC 可学习的。⊖我们将 $m_0(\varepsilon, \delta)$称为算法的**样本复杂性**。今后，我们将经常省略 PAC 修饰符，只使用术语**可学习**(learnable)来表示 **PAC 可学习**。我们可以说，能够获得 PAC 保证的算法是一种 **PAC 学习算法**；如果算法在多项式时间内运行，并且具有多项式样本复杂性，便称之为**多项式 PAC 学习算法**。

2.1.4 对抗环境下的监督学习

对抗环境下的回归学习 举一个在对抗环境下使用回归学习的例子：从实际控制决策的观察中学习一个参数控制器，例如自主驾驶情形所示。为了简化，将视觉输入表达为特征向量 x，假设我们学习控制器 $f(x)$来预测作为视觉输入的函数的转向角(图 2-2 左)，比如端到端自主驾驶所做的那样[Bojarski 等，2016；Chen and Huang，2017]。对手可以对视觉系统捕获的图像进行小幅操作，将 x 修改成 x'，从而在预测

⊖ 这个定义参考了 Anthony 和 Bartlett 的著作[1999，定义 2.1]，并略微扩展。

的转向角 $f(x')$中引入误差，以最大化与真正最优转向角 y 的差异(图 2-2 右)。

图 2-2 Udacity 汽车仿真的屏幕截图。左：自主控制器的图像输入。右：在受到影响控制器运行的攻击后，汽车突然偏离路面(见彩插)

作为另一个例子，学习器(learner)可能希望预测股票价格 $f(x)$，它是观察值 x 的函数。渴望从学习器犯错中获利的对手可以尝试影响观测状态 x(它用来预测股票价
9 格)，通过将 x 操纵成 x'，使得学习器将下一期的股票价格预测成高的。这可能导致学习器愿意以抬高的价格从对手那里购买股票，从而以牺牲学习器为代价，为对手带来有效的套利机会。

对抗环境下的分类学习 在对抗环境下应用二元分类一般等同于区分良性和恶意实例。例如在电子邮件过滤中，恶意实例将是垃圾邮件或钓鱼邮件，而良性实例将是常规电子邮件[Bhowmick and Hazarika，2018]。在恶意软件检测中，恶意实例自然是恶意软件，而良性实例将对应于非恶意的可执行文件[Chau 等，2011；Smutz and Stavrou，2012；Šrndić and Laskov，2016；Tamersoy 等，2014；Ye 等，2017)。在信用卡欺诈中，人们会考虑信用卡应用程序的特定特征，以确定应用程序是欺诈的(恶意的)还是合法的(良性的)[Lebichot 等，2016；Melo-Acosta 等，2017]。在所有这些情况下，对手都有避免被检测的动机，并且希望操纵他们的行为，以便它被检测器判断为良性的。

2.2 无监督学习

在无监督学习中，数据集 $\mathcal{D}=\{x_i\}$仅由特征向量组成，但没有标签。因此，无监督学习问题涉及获取观测特征的联合分布，而不是预测目标标签。然而，监督技术和无监督技术之间的界限有时并不清晰，例如矩阵填充(matrix completion)方法，它的目标是预测未观测的矩阵元素。

在无监督学习领域，已经有许多具体问题被广泛研究。我们讨论其中的三种：聚类(clustering)、主成分分析(Principal Component Analysis，PCA)和矩阵填充。

2.2.1 聚类

聚类任务是无监督学习最常见的例子之一。在聚类中，数据集中的特征向量被划分为子集的集合 $\mathcal{S}$，使得每个子集 $S\in\mathcal{S}$ 中的特征向量与 S 的平均特征向量"接近"，这里存在关于接近性(closeness)的某种度量。

形式上，可以将聚类看作是解决以下优化问题：

$$\min_{\mathcal{S},\mu}\sum_{S\in\mathcal{S}}\sum_{i\in S}l(x_i,\mu_S)$$

其中，$\mathcal{S}$ 是 $\mathcal{D}$ 的一种划分，μ_S 是团簇 $S\in\mathcal{S}$ 中数据的聚合度量，例如它的平均值。这个问题的一个通用版本使用 l_2 范数作为损失函数，并且相关问题的一种启发式近似是 k 均值聚类，其中我们迭代更新团簇均值，同时将数据点移到距离最近的均值对应的团簇。但是，其他变化是可能的，并且可以将正则化加到这个问题，以控制模型的复杂性(例如形成的团簇数目，如果该数目没有预先指定的话)。 10

一种更一般的方法是学习数据集 $\mathcal{D}$ 上的分布。众所周知的例子是高斯混合模型，其中假设 x_i 是从多元高斯分布的线性混合密度中独立同分布采样的。这种方法也称为软聚类(soft clustering)，因为混合分布中的每个高斯分布可以被假设为生成特定"团簇"的数据，但是我们允许关于团簇隶属度的不确定性。

2.2.2 主成分分析

主成分分析(PCA)寻找 $K<m$ 个正交基向量$\{v_k\}_{k=1}^K$的集合，它们是数据矩阵 $\boldsymbol{X}$ 的 k 个特征向量(eigenvector)，其中数据集 $\mathcal{D}$ 中的每个特征向量 x_i 是该矩阵中的一行。等价地，每个 v_k 的解如下：

$$v_k=\arg\max_{v:\|v\|=1}\left\|\boldsymbol{X}(\mathbb{I}-\sum_{i=1}^{k-1}v_iv_i^{\mathrm{T}})v\right\|$$

其中 $\mathbb{I}$ 是单位矩阵。

设 $\mathbf{V}$ 是 PCA 产生的基矩阵，它的列对应于特征向量 v_k。那么对于任何特征向量

x，它的 m 维重构是

$$\widetilde{x} = \boldsymbol{V}\boldsymbol{V}^{\mathrm{T}} x$$

而相应的残差(即利用 PCA 来近似原始特征向量 x 所产生的误差)等于

$$x_e = x - \widetilde{x} = (\mathbb{I} - \boldsymbol{V}\boldsymbol{V}^{\mathrm{T}})x$$

直观地说，如果原始数据能够有效地表示在 k 维子空间中(k 相对于原始维数 m 较小)，则 PCA 是有效的；换句话说，残差的幅度 $\|x_e\|$ 很小。

2.2.3　矩阵填充

为了更好地理解矩阵填充，考虑 Netflix 面临的协同过滤问题。目标是预测某个用户对某个电影的喜爱程度(或者更确切地说，预测用户对电影的评级)。一种表示这个问题的方式是想象一个大矩阵 $\boldsymbol{M}$，它的 n 个行对应于用户，m 个列对应于电影，其中每个矩阵元素是用户 i 对电影 j 的评级。因此，我们的预测问题可以等价地看作预测这个大矩阵的第(i, j)个元素的值，否则这个矩阵将非常稀疏，只能从用户那里获取少量的真实电影评级。关键在于假设真实的潜在评级矩阵是低秩的，例如，相似的用户倾向于对电影做出相似的评级。因此，我们可以将矩阵分解为 $\boldsymbol{M}=\boldsymbol{U}\boldsymbol{V}^{\mathrm{T}}$，其中 $\boldsymbol{U}$ 和
11 $\boldsymbol{V}$ 有 K 列，K 是 $\boldsymbol{M}$ 的秩。我们的目标是获得 $\boldsymbol{U}$ 和 $\boldsymbol{V}$，使得 $U_i V_j^{\mathrm{T}}$ 是矩阵 $\boldsymbol{M}$ 的已观测元素 M_{ij} 的良好近似(其中，U_i 表示 $\boldsymbol{U}$ 的第 i 行的行向量，V_j 对应于 $\boldsymbol{V}$ 的第 j 行的行向量)。

正式地，令 $\boldsymbol{M} \in \mathbb{R}^{n \times m}$ 表示一个包含 m 行 n 列的数据矩阵。对于 $i \in [n]$ 和 $j \in [m]$，M_{ij} 对应于第 i 个用户为第 j 个电影的评级。我们利用 $\Omega = \{(i, j)$：M_{ij} 被观测到$\}$来表示 $\boldsymbol{M}$ 中所有已观测的元素，同时假设 $|\Omega| \ll mn$。我们进一步用 $\Omega_i \subseteq [m]$ 来表示第 i 行中被观测到的列，用 $\Omega'_j \subseteq [n]$ 来表示第 j 列中被观测到的行。矩阵填充的目标是从很少的观测 $\boldsymbol{M}_\Omega$ 中恢复完整的矩阵 $\boldsymbol{M}$[Candès and Recht，2007]。

矩阵填充问题通常是病态的(ill-posed)，因为根据部分观测来填充任意矩阵是不可能的。因此，对潜在的数据矩阵 $\boldsymbol{M}$ 附加假设。一种标准的假设是，$\boldsymbol{M}$ 非常接近于 $n \times m$ 维、秩为 K 的矩阵，其中 $K \ll \min(n, m)$。在该假设下，通过求解以下优化问题可以恢复完整的矩阵 $\boldsymbol{M}$：

$$\min_{\boldsymbol{X}\in\mathbb{R}^{n\times m}} \|\mathcal{R}_\Omega(\boldsymbol{M}-\boldsymbol{X})\|_F^2, \quad \text{s. t. rank}(\boldsymbol{X})\leqslant K \tag{2-5}$$

其中 $\|\boldsymbol{A}\|_F^2=\sum_{i,j}\boldsymbol{A}_{ij}^2$ 表示矩阵 $\boldsymbol{A}$ 的平方 Frobenius 范数，如果$(i, j)\in\Omega$，则$[\mathcal{R}_\Omega(\boldsymbol{A})]_{ij}$ 等于 $\boldsymbol{A}_{ij}$，否则等于 0。不幸的是，方程(2-5)的可行解是非凸的，使得该优化问题难以解决。已经有许多文献讨论近似求解方程(2-5)及其替代，这导致两种标准方法：交替最小化(alternating minimization)和核范数最小化(nuclear norm minimization)。对于交替最小化方法，我们考虑下面的问题：

$$\min_{\boldsymbol{U}\in\mathbb{R}^{n\times K},\boldsymbol{V}\in\mathbb{R}^{m\times K}} \{\|\mathcal{R}_\Omega(\boldsymbol{M}-\boldsymbol{U}\boldsymbol{V}^{\mathrm{T}})\|_F^2+2\gamma_U\|\boldsymbol{U}\|_F^2+2\gamma_V\|\boldsymbol{V}\|_F^2\} \tag{2-6}$$

当 $\gamma_U=\gamma_V=0$ 时，方程(2-6)等价于方程(2-5)。在实践中，人们通常将正则化参数 γ_U 和 γ_V 都设置为小正数，以避免在填充后的矩阵中出现大元素，并且也增加收敛性。由于方程(2-6)在 $\boldsymbol{U}$ 和 $\boldsymbol{V}$ 中是双凸的，所以可以应用交替最小化过程，对 $\boldsymbol{U}$ 和 $\boldsymbol{V}$ 进行迭代优化(如果我们固定另一个矩阵，则每个优化问题都是凸的)。

或者，我们求解核范数最小化问题

$$\min_{\boldsymbol{X}\in\mathbb{R}^{n\times m}} \|\mathcal{R}_\Omega(\boldsymbol{M}-\boldsymbol{X})\|_F^2+2\gamma\|\boldsymbol{X}\|_* \tag{2-7}$$

其中 $\gamma>0$ 是正则化参数，$\|\boldsymbol{X}\|_*=\sum_{i=1}^{\text{rank}(\boldsymbol{X})}|\sigma_i(\boldsymbol{X})|$ 是 $\boldsymbol{X}$ 的核范数，它是秩函数的凸替代。方程(2-7)是一个凸优化问题，可以用迭代奇异值阈值算法来求解[Cai 等，2010]。可以看出，方程(2-6)和(2-7)中的两种方法都能在一定条件下近似地逼近真实的潜在数据矩阵 $\boldsymbol{M}$[Candès and Recht，2007；Jain 等，2013]。 12

2.2.4 对抗环境下的无监督学习

在对抗环境下，无监督学习的两个常见用途是攻击聚类和异常检测。

聚类 攻击聚类在恶意软件取证分析中可能是有用的，其中不同的恶意软件变体被聚类，例如，用来确定它们是否来自同一个家族[Hanna 等，2013；Perdisci 等，2013]。在恶意软件的多态性已经被用来隐藏恶意软件以防被反病毒工具检测的情况下，该技术在识别相同恶意软件的变体时可能是重要的。在确定恶意软件的来源方面(比如恶意软件的制作者)，它也是有价值的。

异常检测　在异常检测中，通常使用一组“正常的”操作数据来开发一个“正常的”系统行为模型。例如，可以收集组织中的常规网络流量的踪迹，并识别该“正常”流量的统计数据(特征)。最终目标是识别异常行为，这表明它是由于系统故障(在非对抗环境下)或者受到攻击，例如入侵。异常检测存在许多变体。在这里，我们描述几个具体的例子，它们已被用于对抗环境，并且也受到了攻击。

质心异常检测(centroid anomaly detection)是一种简单却非常通用的异常检测方法[Kloft and Laskov，2012]。在这种方法中，使用训练数据 $\mathcal{D}$ 获得均值 $\mu=\frac{1}{n}\sum_{i\in D}x_i$ 。如果下式成立，则可以将任意的新特征向量 x 标记为异常：

$$\|x-\mu\|_p^p \geqslant r$$

其中，r 是外部指定的阈值，通常设置为将错误肯定率限制在目标水平以下。如果 $p=2$(通常是这样)，则可以将 x 与 μ 之间的差异重新写成

$$\begin{aligned}\|x-\mu\|_2^2 &= \langle x-\mu,x-\mu\rangle = \langle x,x\rangle - 2\langle x,\mu\rangle + \langle \mu,\mu\rangle \\ &= \langle x,x\rangle - \frac{2}{n}\left\langle x,\sum_i x_i\right\rangle + \left\langle \frac{1}{n}\sum_i x_i,\frac{1}{n}\sum_i x_i\right\rangle \\ &= \langle x,x\rangle - \frac{2}{n}\sum_i\langle x,x_i\rangle + \frac{1}{n^2}\sum_{i,j}\langle x_i,x_j\rangle \\ &= k(x,x) - \frac{2}{n}\sum_i k(x,x_i) + \frac{1}{n^2}\sum_{i,j}k(x_i,x_j)\end{aligned}$$

其中，核函数 $k(\cdot,\cdot)$能够表示更高维空间中的点积，$\langle x, y\rangle$表示向量 x 和 y 的点积，它允许我们考虑原始简单质心方法的复杂非线性扩展。

质心异常检测器的另一个有用特性是，当新的(正常)数据到达时，我们可以在线
13 更新均值 μ。形式上，假设μ_t 是从过去的数据计算的均值，并且一个新数据点 x_t 刚刚到达，则可以将新的估计μ_{t+1}计算为

$$\mu_{t+1} = \mu_t + \beta_t(x_t - \mu_t)$$

其中β_t 是学习率。

另一类重要的异常检测器利用观测——正常行为(例如网络流量)通常具有低的内

在维数[Lakhina 等，2004]。其主要思想是使用 PCA 来识别数据的高质量低维表示，并使用残差的幅度来确定异常。如果残差 x_e 的范数太大(超过预先设定的阈值)，这类异常检测器就会标记观测 x：

$$\|x_e\| = \|(\mathbb{I}-\mathbf{V}\mathbf{V}^{\mathrm{T}})x\| \geq r$$

基于 PCA 的异常检测器的一个示例用例是识别异常交通流行为[Lakhina 等，2004]。他们考虑的设置是基于 PCA 的异常对应于不寻常的 OD(Origin-Destination)网络流。具体来说，用矩阵 $\mathbf{A}$ 表示哪些 OD 流使用哪些路段；也就是说，如果流 f 使用路段 i，那么 $A_{if}=1$，否则等于 0。用矩阵 $\mathbf{X}$ 表示随时间的观测流，使得 X_{tf} 是在时间周期 t 上 OD 流 f 的交通量。然后，我们可以定义 $\mathbf{Y}=\mathbf{X}\mathbf{A}^{\mathrm{T}}$ 来表示各个路段上交通流的动态性，用 $y(t)$ 表示在时间周期 t 内路段的对应流。如果我们假设 $\mathbf{Y}$ 近似为 K-秩，PCA 将输出 $\mathbf{Y}$ 的前 K 个特征向量。令 $\mathbf{V}$ 表示用 PCA 计算的相关矩阵，如上所述。然后，通过计算残差 $y_e=\|(\mathbb{I}-\mathbf{V}\mathbf{V}^{\mathrm{T}})y\|$，并且将其与阈值 r 做比较，可以将新的交通流 y' 判断为异常或正常。Lakhina 等[2004]在预定义的 $1-\beta$ 置信水平下，采用 Q-统计量(Q-statistic)来确定阈值。

异常检测技术的第三个变体使用 n-gram，或者对象中 n 个连续实体的序列，来确定它是否类似于正常对象的统计模型。更准确地说，假设采用 n-gram 方法来进行基于异常的网络入侵检测。我们将从收集网络数据开始，开发一个正常情况的统计模型。假设我们的分析是在数据包层次上(在实践中，也可以分析会话、文件等)。理想情况下，我们将使用对应于所有可能的 n-gram 的特征的表示，而特征取值对应于相关的 n-gram 被观测的频率。对于一个新的数据包，可以使用滑动窗口来获得它的 n-gram 频率，并使用常规质心异常检测来触发警报。当 n 变大时，这种方法是不可扩展的，因此 Wang 等[2006]建议存储布隆滤波器(Bloom filter)在训练期间观测到的 n-gram，并且仅基于在测试时包含在数据包中的*新* n-gram 的比例来评分。

2.3 强化学习

我们首先描述马尔可夫决策过程(Markov Decision Process，MDP)，为强化学习(Reinforcement Learning，RL)提供数学基础[Sutton and Barto，1998]。 14

一种离散时间折扣无限范围(discrete-time discounted infinite-horizon)MDP(为了说明简单，我们专注于它)由一个元组[S，A，T，r，δ]描述，其中 S 是有限的状态集合，A 是有限的行动集合，T 是状态转移矩阵，$T^a_{ss'}=\Pr\{s_{t+1}=s' \mid s_t=s, a_t=a\}$，$r(s, a)$是期望的奖励函数，$\delta\in[0, 1)$是折扣因子(discount factor)。MDP 和 RL 的两个中心概念是价值函数和 Q 函数。价值函数定义为

$$V(s)=\max_a\Big(r(s,a)+\delta\sum_{s'}T^a_{ss'}V(s')\Big)$$

Q 函数定义为

$$Q(s,a)=r(s,a)+\delta\sum_{s'}T^a_{ss'}V(s')$$

在概念上，价值函数捕获我们可以获得的奖励的最佳折扣和(即如果我们遵循一个最优策略)，而 Q 函数是在状态 s 采取行动 a，然后遵循最优策略的折扣奖励。注意$V(s)=\max_a Q(s, a)$。有一系列众所周知的方法来计算 MDP 的最优策略，其中策略是从状态到行动的映射 π：$S\rightarrow A$。[⊖]一个例子是价值迭代，即将上面的价值函数的特征变换成迭代过程，如下计算迭代 $i+1$ 的价值函数 $V_{i+1}(s)$：

$$V_{i+1}(s)=\max_a\Big(r(s,a)+\delta\sum_{s'}T^a_{ss'}V_i(s')\Big)$$

我们可以用任意的价值函数来初始化这个过程，并且它在极限情况下总是收敛到真值函数。另一种选择是使用策略迭代，交替使用策略评估(计算当前策略的价值)和改进步骤(类似于价值迭代步骤)。最后，利用线性规划来计算最优的价值函数。通过在每个状态简单地寻找最大化行动，可以从价值函数中提取最优策略。

在强化学习中，我们知道 S、A 和 δ，但不知道 T 和 r。然而，我们仍然可以从经验中学习，以最终获得接近于最优的策略。有许多算法可以达到这个目的，其中最著名的可能是 Q 学习。在 Q 学习中，我们可以用任意方式初始化 Q 函数。在任意迭代 $i+1$ 中，根据某个当前策略(确保在概率为正的任何状态下都可以采取行动)，我们已经观察到状态 s_i 并采取行动 a_i。如果观察到奖励 r_{i+1} 和下一个状态 s_{i+1}，则可以如下更

⊖ 对于无限范围离散时间折扣 MDP，总是存在一个仅为观测状态函数的最优策略。

新 Q 函数：

$$Q_{i+1}(s_i, a_i) = Q_i(s_i, a_i) + \beta_{i+1}(r_{i+1} + \delta \max_a Q_i(s_{i+1}, a) - Q_i(s_i, a_i))$$ 15

现在，一种朴素的基于该 Q 函数来计算策略的方式是在每个状态下，简单地采取在当前迭代 i 使 $Q_i(s, a)$ 最大的行动。然而，这意味着没有进行探索。一个简单的修改(即 ϵ_i-贪心算法)是以概率 $1-\epsilon_i$ 使用这样的策略，否则发起随机行动。随着时间的推移 ϵ_i 会降低。另一种想法是使用以如下概率发起行动 a 的策略：

$$\pi_i(s, a) \propto \beta_i Q_i(s, a)$$

其中β_i 随时间增大。

当 RL 应用于结构化领域(许多实际应用具有这种特征)时，状态通常是由变量组成的集合 $x=\{x_1, \cdots, x_n\}$，这经常被称为状态的因子化表示(factored representation of state)。在这种情况下，策略不能被合理地表示为查询表。有几种常见的方法来处理这个问题。例如，可以学习具有参数 w 的 Q 函数的参数化表示 $Q(x, a; w)$，并利用它间接地表示策略，其中 $\pi(x)=\arg\max_a Q(x, a; w)$。

2.3.1 对抗环境下的强化学习

举一个在(潜在)对抗环境下使用强化学习的例子：当存在可能影响观测状态的对手时实现自主控制(例如自动驾驶汽车)。由于最优策略依赖于状态，因此对状态的修改可能导致较差的决策。这种攻击的具体形式模型将利用因子化状态表示：攻击者通常只能修改状态变量的(较小)子集，从而导致学习策略误入歧途。

事实上，这样的攻击实际上不是针对 RL 的，而是简单地攻击所使用的特定策略(如果攻击者知道)。也可以在学习过程中攻击，从而导致学习到不良的策略。例如，通过影响观测的奖励和状态。在任何情况下(可能在高风险的情况下)，攻击的结果将导致基于 RL 的自主智能体犯错误，例如导致自主汽车撞毁。

2.4 参考文献注释

我们对机器学习及其特定技术的讨论都是从一些关于机器学习的著名书籍[Bishop，2011；Hastie 等，2016]以及 Sutton 和 Barto [1998]关于强化学习的无与伦比的文档中获知的。机器学习的基础观点(包括 PAC 可学习性)可以在 Anthony 和 Bartlett [2009]的一个精彩的理论论述中找到。类似地，Vapnik [1999]提供了经验风险最小化的一个伟大的基础讨论。

我们对质心异常检测的描述基于 Kloft 和 Laskov [2012]，在讨论基于 PCA 的异
16 常检测时我们遵循 Lakhina 等人[2004]的工作。我们对矩阵填充的讨论紧跟 Li 等人[2016]的观点，他们又对矩阵分解和填充主题进行了广泛的前期研究[Candès and Recht，2007；Gemulla 等，2011；Gentle，2007；Sra and Dhillon，2006]。

关于马尔可夫决策过程和强化学习中的函数逼近的经典文档来自 Bertsekas 和
17~18 Tsitsiklis [1996]，之后有许多工作改进和扩展了相关技术和理论基础[Boutilier 等，1999，2000；Guestrin 等，2003；St-Aubin 等，2000]。

第3章

Adversarial Machine Learning

对机器学习的攻击类型

在前一章中，我们广泛描述了主要的机器学习范例以及它们如何在对抗环境下被实例化。对抗机器学习需要更进一步：我们的目标不仅是理解如何在对抗环境下使用机器学习(例如恶意软件检测)，而是以何种方式将这些*脆弱性*引入到传统的学习方法中。这些脆弱性的原则性讨论围绕精确的威胁模型展开。在本章中，我们在机器学习背景下提出威胁模型或者攻击的一般分类。我们随后对具体攻击的详细介绍，将以这种分类为基础。

对机器学习算法的攻击进行分类已经有过一些尝试。我们提出的分类方法与其中的一些相关，目的是提炼出我们讨论的攻击的最重要特征。特别是，我们沿着三个维度对攻击进行分类：*时机、信息和目标*。

1. **时机**：在对攻击进行建模时，首先要考虑的是攻击发生的时间。这种考虑导致以下共同的二分法，这是对机器学习攻击的核心：对模型的攻击(其中*规避攻击*是最典型的情况)和对算法的攻击(通常称为*投毒*攻击)。对模型的攻击，或者更准确地说，对所学模型做出的*决策*的攻击，假设模型已经被学习，攻击者现在要么改变其行为，要么改变观察到的环境，以使模型做出错误的预测。相比之下，投毒攻击发生在模型接受训练之前，修改了用于训练的部分数据。这种区别如图3-1所示。

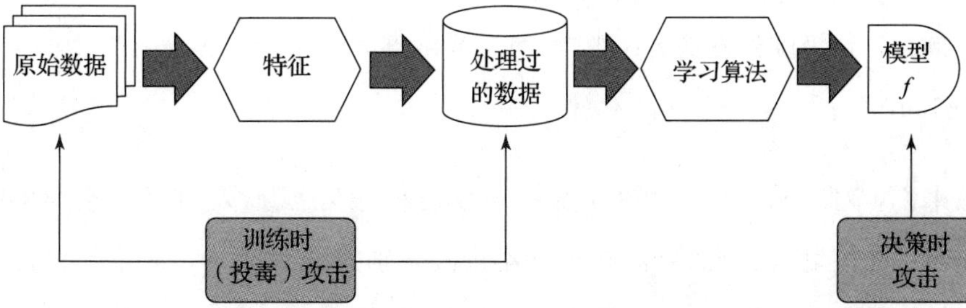

图3-1　决策时攻击(对模型的攻击)和投毒攻击(对算法的攻击)之间的区别(见彩插)

2. **信息**：对攻击进行建模的第二个重要问题是，攻击者拥有关于学习模型或算法

的哪些信息，这一区别通常被提炼为白盒攻击和黑盒攻击。特别地，白盒攻击假定模
19 型(在对决策进行攻击的情况下)或算法(在投毒攻击中)被对手完全了解；而在黑盒攻击中，对手对这些信息的了解有限或没有，尽管可以通过查询间接获得一些信息。

3. **目标**：攻击者可能有不同的攻击原因，例如规避检测或者降低算法的可信度。我们区分了两大类攻击目标：针对性攻击和对学习方法可靠性的攻击(或者简称为可靠性攻击)。在针对性攻击中，攻击者的目标是在特定性质的特定实例上造成错误(例如，导致已学习的函数 f 在实例 x 上预测一个特定的错误标签 l)。相反，可靠性攻击旨在通过最大化预测误差来降低学习系统的感知可靠性。

在表 3-1 中，我们总结了对机器学习攻击的分类。

表 3-1 机器学习攻击的三个维度

攻击时机	决策时(例如规避攻击)与训练时(投毒攻击)
攻击信息	白盒攻击与黑盒攻击
攻击目标	针对性攻击与可靠性攻击

在本章的剩余部分，我们将更加深入地讨论攻击的这三个维度。然而，本书的高层组织主要集中在模型攻击和投毒攻击之间的第一个二分法，我们认为这是最基本的区别。

3.1 攻击时机

决策时攻击 在我们将要考虑的所有攻击类型中，规避攻击——决策时发生的攻击的一个主要子类——可能是历史上最显著的。一个众所周知的规避例子是垃圾邮件的进化，例如，垃圾邮件发送者用数字“1”或字母“l”替换“Viagra”中的字母“i”
20 (变成“V1agra”)。

一般来说，对二元分类器的分类器规避攻击将分类器 $f(x)$ 和特征空间中的“理想”实例 x_{ideal} 作为输入(即如果没有分类器将其识别为恶意的话，对手希望这样做)。然后攻击输出另一个实例，对应于特征向量 x'。如果 $f(x')=-1$，则规避是成功的，但对手可能找不到足够的规避(事实上，对算法的任何有意义的规避鲁棒性度量都是必要的，无论 f 和 x_{ideal} 是什么，对手并不是总能成功地找到规避)。

举例来说，我们假设希望检测垃圾邮件，并为此目的学习一个分类器 $f(x)$(其中 x 是表示电子邮件功能的向量)。现在考虑一个垃圾邮件发送者，他以前使用了一个与特性向量 x_{spam} 对应的模板，并假设 $f(x_{\text{spam}})$ 将其标记为“垃圾邮件”($+1$)，这样垃圾邮件发送者就不会收到任何响应。垃圾邮件发送者将修改电子邮件以获得一个在特征空间中看起来像 x' 的实例，其属性为 $f(x')=-1$(即，它被分类为非垃圾邮件，并允许传递到用户的邮箱中)。但 x' 不能是任意的：对手需要花费修改原始实例 x_{spam} 以实现 x' 的成本，这可以衡量工作成本(维护功能)或有效性(例如，他们可能必须引入拼写错误，这将允许攻击者避免被检测到，但也会降低人们点击嵌入链接的机会)。

概括规避攻击背后的思想，可以考虑决策时攻击的多类分类。假设 $\mathcal{Y}$ 是一组有限的标签，并假设对于某些实例 x_{ideal}，预测的标签是 $f(x_{\text{ideal}})=y$。攻击者可能希望将该实例修改为另一个 x'，以实现不正确的预测($f(x')\neq y$)，或者导致分类器预测目标标签 $t=f(x')$。最近，这种攻击在*对抗样本*术语下得到了广泛关注，主要集中在视觉应用和深度神经网络上。一个潜在的问题是，攻击者可能试图通过操纵道路交通标志的传感图像，例如停车标志(例如，通过张贴看起来像涂鸦的特制贴纸[Evtimov 等，2018])，来导致依赖视觉的自主车辆发生碰撞。虽然这个问题只是决策时攻击的一个特例，但是它所受到的关注量却值得用单独一章(第 8 章)来介绍。

对训练数据的攻击 几十年来，机器学习和统计界一直在致力于研究基于损坏或者噪声训练数据的学习问题。然而，最近对训练数据的*对抗性*损坏得到了更加系统的考虑，特别是如果我们允许不可忽略的一部分数据被损坏。投毒攻击的本质是对手在训练前故意操纵*训练数据*，使学习算法做出错误的选择。投毒攻击的一个重要概念挑战是定义对训练数据进行对抗性操作的范围以及对手这样做的目标。回避这些问题的一个常见方法是假设对手可以对训练数据的一小部分进行任意修改。然后，目标就是设计对这种任意训练数据损坏具有鲁棒性的算法，只要损坏的数据量足够小。 21

我们还可以考虑更具体的损坏模型，它对攻击者可能做的事情施加额外的限制。一类常见的攻击是*标签翻转*(lable-flipping)攻击，允许对手更改训练数据中最多 C 个数据点的标签。通常，这种攻击是在分类上下文中考虑的，尽管也可以修改回归标签。在大多数情况下，假设对手知道算法和特征空间(即*白盒攻击*)。在无监督学习情况下，也可以考虑数据投毒。例如，当它用于检测异常时。在这种情况下，对手可能会对观察到的正常行为进行细微的修改，这些行为现在会污染用于检测异常的模型，目的是确保未来的针对性攻击被标记为良性。

3.2 攻击者可以利用的信息

在攻击建模中，最重要的因素之一是攻击者所拥有的关于所攻击系统的信息。我们区分*白盒攻击*(攻击者知道所有要知道的信息)和*黑盒攻击*(攻击者拥有的信息有限)。

白盒攻击假设对手在决策时攻击的情况下*准确地*知道学习模型(例如，具体的分类器)，或者在投毒攻击的情况下知道学习算法。这意味着，例如，对手知道所有模型参数，包括学习算法的特征和(在投毒攻击的情况下的)超参数。假设攻击者对学习系统拥有如此隐私的信息，这似乎是可疑的。但是，有一些重要的原因要求我们考虑白盒攻击。首先，从学习器的角度提供了一个自然的起点：如果一个学习器能够对白盒攻击很鲁棒，那么它们肯定也能对信息有限的攻击很鲁棒。其次，从攻击者的角度，可能有许多方法可以间接获取有关已学习模型的足够信息，以部署成功的攻击。以恶意软件规避攻击为例，假设所使用的一组特征是公共信息(例如通过已出版的工作)，用于训练恶意软件检测器的数据集是公共的(或者，有一些公共数据集与实际用于训练的数据非常相似)。最后，假设学习器使用标准学习算法来学习模型(例如随机森林、深度神经网络或支持向量机)，使用标准技术来调整超参数(例如交叉验证)。在这种情况下，攻击者可以获得与实际使用的检测器相同或几乎相同的检测器版本！

在**黑盒攻击**中，与白盒攻击相比，对手没有关于学习器使用的模型或算法的精确信息。黑盒攻击的一个重要建模挑战是精确地建模攻击者拥有所学模型或算法的*哪些*
22 信息。

在决策时黑盒攻击的情况中，一种方法是考虑关于可供对手使用的已知模型的信息层次。在一个极端情况下，对手根本无法获得任何信息。一个更有见识的对手可能有一些训练数据，这些数据不同于训练实际模型的数据，但没有关于正在学习的特定模型类以及所使用特征的信息。更知情的攻击者可能知道模型类和特征，可能知道学习算法，但没有训练数据，甚至更知情的对手也可能从与用于学习的数据相同的分布中采样训练数据。最后，当同一个对手拥有学习算法使用的实际训练数据时，由于攻击者可以从给定的训练数据中学习精确的模型，因此所产生的攻击相当于上面讨论的白盒攻击。可以观察到，与白盒攻击不同，黑盒攻击有许多建模方法。事实上，其他人建议使用*灰盒攻击*一词，以表明攻击者有一些(尽管不完整)关于其攻击的系统的信息[Biggio and Roli，2018]。然而，在本书中，我们将继续采用更为传统的黑盒攻击术语来指代整个信息层次，它缺少白盒的全信息。

上面的信息层次并不能解决一个自然的问题：在决策时攻击的情况下，攻击者如何得到他们正在攻击的模型信息？一类重要的决策时黑盒攻击模型通过允许攻击者查询所学模型来解决这个问题。具体来说，给定一个以特征向量 x 表示的任意实例，对手可以获得(查询)未知黑盒模型 f 的实际预测标签 $y=f(x)$。通常，并且隐含地，这样的查询模型还假定攻击者知道模型空间(例如学习算法)和特征空间。此外，该模型的另一个实际限制是 $f(x)$通常是在给定 x 时不精确或含噪声地被观察。例如，假设垃圾邮件发送者发送一个垃圾邮件。不响应并不意味着它已经被过滤，而是用户可能只是忽略了电子邮件。然而，这样一个基于查询的框架使得我们能够进行优美的理论研究，利用非常有限的关于学习器的信息研究攻击者能够完成什么。

遵循与决策时黑盒攻击的典型模型相似的原则，黑盒数据投毒攻击将考虑防御者使用的算法的一系列知识。例如，在一个极端，攻击者可能根本没有关于算法的信息。更有见识的攻击者可能知道算法，但不知道超参数(例如正则化权重或者神经网络中隐藏层的数量)和特征。更明智的攻击者可能知道算法、特征和超参数，但不知道攻击者试图破坏的训练数据。 23

3.3 攻击目标

虽然攻击者可能对机器学习系统实施攻击有大量可能的目标，我们根据攻击者目标将攻击分为两大类：*针对性攻击*和*可靠性攻击*。

针对性攻击的特点是攻击者在模型决策方面有一个特定目标。例如，考虑对具有一组可能标签 $\mathcal{L}$ 的多类分类器进行决策时攻击，用 x 表示攻击者感兴趣的特定实例，它具有真实标签 y。在这种情况下，针对性攻击的目标是将 x 的标签更改为特定目标标签 $t\neq y$。更一般地，针对性攻击的特点是联合的实例和数据点标签空间 $S\subseteq(\mathcal{X}\times\mathcal{Y})$ 的子集(攻击者希望改变其决策)以及目标决策函数 $D(x)$。在最常见的监督学习针对性攻击情况中，攻击者希望根据目标标签函数 $l(x)$在每个$(x, y)\in S$ 上诱导预测。

另一方面，**可靠性攻击**则试图最大化学习中的决策错误。例如，在监督学习中，攻击者的目标是最大化预测错误。在视觉应用中，这种攻击通常被称为非针对性攻击，它会修改图像，从而导致错误的预测(例如，识别图像中没有的目标，例如将停车标志的图像误认为是其他道路标志)。

当我们考虑二元分类时，针对性攻击和可靠性攻击之间的区别就变得模糊了：特别是，可靠性攻击现在变成了一种特殊情况，其中目标标签 $l(x)$ 只是替代标签。更一般地说，我们注意到，即使是针对性攻击和可靠性攻击之间的二分法也不完整。例如，我们可以考虑这样的攻击：目标是避免对特定类的预测，而不是正确的标签(有时称为排斥性攻击)。然而，这个问题足够深奥，我们有理由把注意力集中在简化的分类上。

3.4　参考文献注释

Barreno 等人[2006]提出了第一种机器学习攻击分类法，而 Barreno 等人[2010]详细介绍了这种分类法，以对此类攻击进行全面分类。这种分类法还考虑了攻击的三个维度。他们的第一个维度基本上与我们的相同，尽管他们将其定义为攻击者的影响，而不是攻击时机。这一类的相关二分法是因果性攻击与探索性攻击。Barreno 等人[2010]描述的因果性攻击与我们所说的投毒攻击完全相同，而其探索性攻击似乎与我们的决策时攻击基本一致。然而，他们的第二和第三维度与我们的分类有些不同。Barreno 等人[2010]的第二维度被称为安全违规(security violation)，并区分完整性
24 (integrity)和可用性(availability)攻击。完整性攻击是指那些导致错误否定(即导致恶意实例未被发现)的攻击，而可用性攻击则通过错误肯定(即由于攻击而被标记为恶意的良性实例)导致拒绝服务。我们可以注意到，这个类别似乎是非常具体的二元分类，主要着眼于检测恶意实例，例如垃圾邮件。Barreno 等人[2010]确定的最终维度是一种特殊性，在这里他们区分针对性攻击和任意攻击。针对性攻击的概念与我们的相似，而任意攻击则与我们所说的可靠性攻击相似。关键区别在于 Barreno 等人[2010]的任意攻击术语更广泛：例如，这些术语允许垃圾邮件发送者针对大量垃圾邮件实例(但不是良性实例)，而攻击者在可靠性攻击(根据我们的定义)中的目标只是最大化所有实例的预测错误。因此，我们基本上参照 Barreno 等人[2010]的两个维度，将两个攻击目标(针对性攻击和可靠性攻击)简单地分为两类，并添加一个新的维度，区分白盒攻击和黑盒攻击。

我们对决策时黑盒攻击的分类是通过基于查询的分类器规避攻击模型[Lowd and Meek，2005a；Nelson 等，2012]以及 Biggio 等人[2013]阐述的攻击者信息层次来确定的。类似的黑盒投毒攻击(也适用于决策时攻击)的特点是由 Suciu 等人[2018]提出的，在攻击者知识的四个维度上称之为 FAIL：**F**eature 知识(攻击者知道哪些特征)、**A**lgorithm 知识(攻击者知道学习算法的程度)、**I**nstance 知识(攻击者对学习器的训练数据有哪些信息)和 **L**everage(攻击者可以修改哪些特征)。最后，Biggio 和 Roli [2018]最近关于对抗机器学习进行的一项调查也为我们的分类提供了启示，更普遍的是关于对抗机器学习的更广泛的文献，包括针对深度学习模型的攻击。我们在后面的章节中提供关于这些工作的文献注释，届时会更深入地讨论对机器学习的攻击和相关防御。 25~26

第 4 章

Adversarial Machine Learning

决策时攻击

在本章中，我们开始考虑对机器学习的决策时攻击。正如我们在前面提到的，这个问题的典型例子是对垃圾邮件、网络钓鱼和恶意软件检测器的对抗规避，这些检测器经过训练来区分良性和恶意实例；对手操纵对象的性质，例如引入巧妙的单词拼写错误或代码区域替换，以便被错误分类为是良性的。

分析决策时攻击学习方法的鲁棒性的关键挑战在于对这些攻击进行建模。好的模型必须考虑攻击者面临的最关键权衡：在对象(例如恶意软件)中引入足够的操作，以便尽可能地将其误分类为良性的(我们在后面对此进行更精确的说明)，同时限制更改范围，以维护恶意功能并尽量减少工作量。在本章中，我们介绍了决策时攻击的常见数学模型以及解决计算最优(或接近最优)攻击问题的相关算法。特别是，我们根据攻击分类中的信息维度，将建模讨论分成两个小节：从白盒攻击开始，然后讨论黑盒攻击。此外，我们还描述了对许多主要学习算法的白盒攻击的常见模型：从二元分类器的决策时攻击(通常称为*规避攻击*)开始，将该模型推广到多类分类器，然后继续描述对异常检测、聚类、回归和强化学习的攻击。

我们首先描述几种网络安全文献中的规避攻击的例子，以说明在实践中设计和执行此类攻击所涉及的挑战，这些挑战通常被抽象为决策时攻击的数学模型，然后讨论这些模型。

4.1 对机器学习模型的规避攻击示例

我们从规避攻击(它是决策时攻击的一个重要子类)的几个例子开始阐述，这些例子来自网络安全文献。在规避攻击中，学习到的模型用于检测恶意行为，如入侵或恶意可执行文件，攻击者旨在改变攻击的特征以保持未被检测到。

第一个例子是*多态混合攻击*(polymorphic blending attack)，其攻击目标是基于统计异常检测的入侵检测系统。第二组例子涉及对可移植文档格式(Portable Document Format，PDF)恶意软件分类器的规避攻击。我们描述这类攻击的几个实例：一个可以 27 被视为模拟攻击，因为它只是试图将良性特征引入恶意文件(而不是删除恶意外观因素)，另一个可以自动执行攻击，并且可以添加和删除 PDF 对象。

4.1.1 对异常检测的攻击：多态混合

恶意软件多态性(malware polymorphism)是基于签名的恶意软件和入侵检测系统(Intrusion Detection System，IDS)中一个长期存在的问题。由于恶意软件签名往往有点僵化(寻找精确匹配或接近匹配)，因此攻击通常会对恶意软件代码或打包(例如包装和混淆)进行小修改，以显著修改基于哈希的签名。虽然这种攻击原则显然是规避攻击的例子，但它们与机器学习无关。然而，异常检测被认为是解决多态恶意软件问题的一种方法，因为这些实例的统计特性与典型的网络流量有很大的不同。具体来说，IDS 用例中的异常检测器会在恶意软件在网络上被传输时标记它。

考虑异常检测系统的一般方法是将被建模的实体(例如 IDS 中的网络流量)转换为数字特征向量，例如 x。例如，一种常见的方法是使用 n-gram，或与 n 个连续字节序列相对应的特征，如 2.2.4 节所述。对应于特定数据包的特征向量可以是数据包中出现的每个可能 n-gram 的一系列频率，或者是指示每个 n-gram 是否出现在数据包中的二元向量。在任何情况下，我们都可以获得“正常”流量的数据集，并对相关特征向量的分布进行建模。如果我们添加一个似然阈值，则可以标明似然(给定正常数据的分布)低于阈值的任何数据包。

例示这样一个方案的一种简单(而且相当常见的)方法是取正常流量特征向量的平均值 μ，并对平均值施加一个阈值，以便任何 x：$\|x-\mu\|>r$ 被标记为异常(r 被选择来实现期望的低错误肯定率)。于是这就成为我们前面在 2.2.4 节中讨论的基于质心的异常检测的一个实例。

现在我们可以(简单地)描述多态混合攻击。其目标是创建恶意软件的多态实例(被视为一系列数据包)，同时实现恶意软件的尽可能接近正常的特征表示。此外，这需要在不危及恶意功能的任何微妙影响的情况下完成。实现这一点的一种方法是通过加密的组合，将正常数据包中常见的字符替换为不常见的字符，即解密，通过存储一个反向映射数组(其中第 i 个条目具有与第 i 个攻击字符相对应的正常字符)和填充(向数据包增加更多的正常字节，使其看起来更像一个正常的配置文件)，确保只有正常的 n-gram 被使用。在执行时，解密程序会去除填充，然后解密攻击数据包。Fogla 等人
38
[2006]详细描述和评估了这种对基于异常的 IDS 的攻击。

4.1.2 对 PDF 恶意软件分类器的攻击

为了解释 PDF 恶意软件分类和相关的攻击，我们首先对 PDF 文档结构进行简要的介绍。

PDF 结构 PDF 是一种开放的标准格式，用于在不同的平台上显示内容和布局。PDF 文件结构由四部分组成：头部、主体、交叉引用表(Cross-Reference Table，CRT)和尾部。头部包含格式版本等信息。主体是 PDF 文件最重要的元素，它包含构成文件内容的多个对象。PDF 中的每个对象可以是八种基本类型中的一种：布尔型、数值型、字符串型、空型、名字型、数组型、字典型和流型。此外，可以通过间接引用从其他对象引用对象。还有其他类型的对象，例如包含可执行 JavaScript 代码的 JavaScript。CRT 对主体中的对象进行索引，而尾部指向 CRT。从包含 CRT 位置的尾部开始解析 PDF 文件，然后直接跳到它，继续使用 CRT 中的对象位置信息解析 PDF 文件的主体。

PDFRate PDF 恶意软件检测器 Smutz 和 Stavrou [2012]开发的 PDFRate 分类器使用随机森林算法，利用 PDF 元数据和内容特征来分类良性和恶意 PDF 文件。元数据特征包括文件大小、作者名称和创建日期，而基于内容的特征包括特定关键词的出现位置和次数。利用正则表达式提取基于内容的特征。Smutz 和 Stavrou [2012]详细描述了 PDFRate 的特征。

对 PDFRate 恶意软件检测器的攻击例子 我们现在简要描述对 PDFRate 的两种攻击。被 PDFRate 用来生成其特征的正则表达式从头到尾对 PDF 文件进行线性解析，以提取每个特征。在一些情况下，当特征基于特殊 PDF 对象的取值时(例如 Author)，通过忽略文件中出现的除最后一个值以外的所有值来处理重复条目。

根据 Šrndic 和 Laskov [2014]的描述，对 PDFRate 的一次攻击涉及将内容添加到恶意 PDF 文件中，以使其对分类器看起来是良性的。这种攻击利用了 PDF 阅读器和分类器执行的线性文件处理之间的语义差异。具体来说，遵循规范的 PDF 阅读器从阅

读尾部开始，然后直接跳转到 CRT。因此，在 CRT 和尾部之间添加的任何内容都将被 PDF 阅读器忽略，但仍将用于使用 PDFRate 特征提取机制构造特征。虽然此攻击无法修改 PDFRate 使用的所有特征，但它可以修改大量特征。为了确定要添加的内容，此攻击建议两种方法：模拟攻击和基于特征空间中梯度下降的攻击。在模拟攻击中，可以通过攻击修改的恶意 PDF 的特征被转换为在特征空间中模拟目标良性 PDF 文件，然后将内容添加到恶意 PDF 中，一次将一个特征转换为特征空间中的目标值 29
（或尽可能接近该值）。梯度下降攻击优化可微分的代理分类器（例如，支持向量机）的分类分数加权和以及估计的良性文件密度。然后将内容添加到 PDF 中，以尽可能匹配产生的“最佳”特征向量。

Xu 等人[2016]描述了对 PDFRate 的另一种攻击，称为 EvadeML，使用遗传规划直接修改恶意 PDF 中的对象。EvadeML 从一个恶意的 PDF 开始，它被正确地分类为恶意，目的是产生具有相同恶意行为但被分类为良性的规避变体。假设对手没有目标分类器的内部信息，包括特征、训练数据或分类算法。相反，对手拥有对目标分类器的黑盒访问，它可以反复提交 PDF 文件以获得相应的分类分数。根据分类分数，对手可以调整其策略来制作规避变体。

EvadeML 使用遗传规划（Genetic Programming，GP）搜索可能的 PDF 实例空间，以找到在保留恶意特征的同时避开分类器的实例。首先，通过随机操纵恶意种子产生初始种群。由于种子包含多个 PDF 对象，因此每个对象都被设置为目标，并基于外部指定的概率进行变异。变异可以是删除、插入或交换操作。删除操作从种子恶意 PDF 文件中删除目标对象。插入操作在目标对象后面插入来自外部良性 PDF 文件（也由外部提供）的对象。为了达到这个目的，EvadeML 使用了三个最良性的 PDF 文件。交换操作将目标对象的条目替换为外部良性 PDF 中另一个对象的条目。

群体初始化后，每种变体都由布谷鸟沙箱[Guarnieri 等，2012]和目标分类器进行评估，以评估其适用性。沙箱用于确定变体是否保留恶意行为。它在虚拟机中打开并读取变体 PDF，并通过检测恶意软件签名来检测恶意行为，例如 API 或网络异常。目标分类器（例如 PDFRate）为每个变体提供分类分数。如果分数高于阈值，则变体被分类为恶意。否则，它被分类为良性 PDF。如果一个变体被分类为良性但显示恶意行为，或者如果 GP 达到最大迭代次数，那么 GP 将以该变体达到最佳匹配得分而终止，并将相应的变异路径存储在记录池中，以备将来进行群体初始化。否则，将根据它们的匹配性评价为下一代选择群体的子集。然后，随机操纵所选变体以生成下一代群体。

我们描述的攻击已经被证明是非常成功的。例如，据报道 EvadeML 有 100%的规避成功率[Xu 等，2016]。

4.2 决策时攻击的建模

为了从根本上理解决策时攻击，并允许我们对这些攻击进行一般性的推理，已经
30 进行了很多建模尝试。在深入研究这些攻击的几个自然模型的数学细节之前，我们首先从概念上描述这些攻击，澄清一些术语。

决策时攻击关于机器学习的一个重要方面（如下文讨论的对抗性规避攻击）是对机器学习模型的攻击，而**不是**对算法的攻击。例如，线性支持向量机和感知器算法都会产生一个线性分类器，即 $f(x)=\mathrm{sgn}(w^{\mathrm{T}}x)$，其特征权重为 w。从决策时攻击的角度来看，我们只关心最终结果 $f(x)$，而不关心生成它的算法。这并不是说学习算法与学习此类攻击的鲁棒性无关；相反，我们可以声称一种特定算法倾向于生成比另一种算法更加鲁棒的模型。但是，出于讨论攻击的目的，只有模型的结构是相关的。

在典型的决策时攻击中，对手与特定行为（例如一系列命令）或对象（例如恶意软件）相关联，这些对象被学习模型标记为恶意，因此被阻止实现其目标。作为回应，对手对所述行为或对象进行修改，以实现两个目标：(a)实现恶意目标，例如危害主机；(b)显著降低被所学模型标记为恶意的可能性。相关的次要目标是让攻击者减少设计成功攻击所花费的精力。

要获得决策时攻击的一些直观认识，请考虑下面的简单例子。

例 4.1　考虑如下对抗性规避的例子，即对二元分类器的决策时攻击，该分类器将实例（例如，垃圾邮件）标记为恶意或良性。在我们的例子中，只有一种特征，简单称之为 x。我们使用基于得分的分类器（见 2.1.2 节）$f(x)=\mathrm{sgn}\{g(x)\}$，其中 $g(x)=2x-1$。换句话说，如果 $g(x)\geqslant 0$ 或 $x\geqslant 0.5$，则实例 x 被分类为垃圾邮件，否则被分类为非垃圾邮件。我们在图 4-1 中对此进行了可视化，其中虚线水平线表示将实例分类为恶意或良性的 $g(x)=0$ 阈值。

现在，假设垃圾邮件发送者创建了一个垃圾电子邮件，它由一个特征 $x_{spam}=0.7$ 表示。相关的 $g(x_{spam})=0.4>0$，如图 4-1 中的粗红线所示。在规避攻击中，垃圾邮件发送者会修改垃圾电子邮件，使其对应的数值特征 x'下降到 0.5 以下，这将确保生成的 $g(x')<0$(图 4-1 中的浅红色线)。换句话说，具有特征 x'的垃圾邮件现在被分类为非垃圾邮件。 31

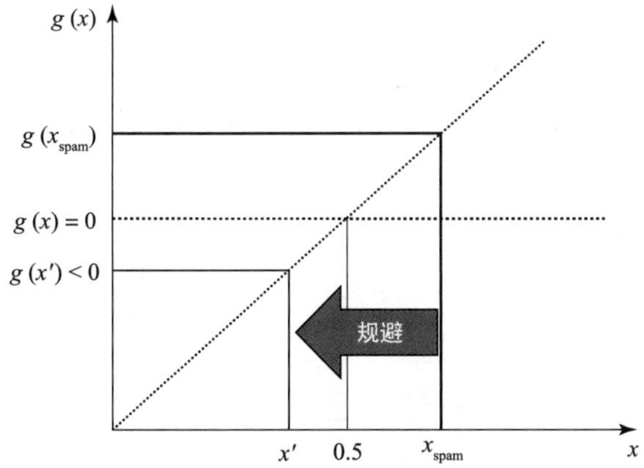

图 4-1　例 4.1 中的规避攻击说明(见彩插)

在本章的剩余部分，我们将描述决策时攻击是如何用数学建模和分析的。

4.3　白盒决策时攻击

建模攻击的一个主要挑战是对手掌握了关于所学模型的哪些信息。我们暂时推迟讨论这个问题，并假设对手知道被攻击的模型。也就是说，我们从考虑白盒攻击开始。

4.3.1　对二元分类器的攻击：对抗性分类器规避

对二元分类器的白盒规避攻击的一种常见抽象从三个构造开始。第一个是分类器 $f(x)=\text{sgn}(g(x))$，用于某个评分函数 $g(x)$。第二个构造是对抗性特征向量 x^A，对应于对手希望使用的行为或对象的特征描述。从今以后，我们称 x^A 为理想实例，从这个意义上说，如果分类器 $f(x)$没有将其标记为恶意，那么攻击者将使用这个攻击向量。我们怎么知道 x^A 是什么？在实践中，我们将这些作为先前观察到的攻击的实例，并考虑这些攻击如何避开分类器。第三个构造是代价函数(cost function)$c(x, x^A)$，它为

特征向量 x 表示的攻击分配一个代价。该代价旨在捕获将理想实例 x^A 修改为 x 的困难，这可能来自任何源，尤其是恶意功能的任何退化。因此，$c(x^A, x^A)=0$ 是很自然的(对手不必为保持数据不受干扰而付出任何代价)，x 的代价将随着特征空间中与 x^A 的距离而增加。正如我们目前所看到的，规避攻击的目标是平衡两个考虑因素：对分类器来说似乎是良性的($g(x)\leqslant 0$ 或者 $f(x)=-1$)，以及最小化代价 $c(x, x^A)$。请注意，在我们的术语中，对抗规避基本上是一种针对性攻击，因为对手希望将特定的恶意实例分类为良性。

32

攻击模型　最常用的规避代价建模方法是使用 l_p 距离，

$$c(x,x^A) = \|x - x^A\|_p \tag{4-1}$$

或者它的加权泛化

$$c(x,x^A) = \sum_j \alpha_j |x_j - x_j^A| \tag{4-2}$$

其中权值 α_j 旨在捕获改变特征 j 的困难。最常见的是使用 l_0、l_1、l_2 或 l_∞ 范数(分别使用 $p=0$，1，2，∞)。我们将这类代价函数称为基于距离的，因为它们是基于特征空间中修改后的和原始特征向量之间的距离度量(l_p 范数)。基于距离的代价函数的一种有趣变体是可分离的代价函数：

$$c(x,x^A) = \max\{0, c_1(x) - c_2(x^A)\} \tag{4-3}$$

它大致假设生成规避实例 x 所产生的代价独立于目标实例 x^A(不考虑约束，最终代价是非负的)。

基于距离的代价函数的局限性是它们无法捕获真实攻击的一个重要特征：攻击特征之间的可替换性或等价性。以垃圾邮件检测为例，构建垃圾邮件文本特征的一种常见方法是使用词袋表示，其中每个特征对应于特定词汇的发生率。在最简单的情况下，只要电子邮件中出现相应的词汇，二元特征表示便为1，否则为0。攻击者可以使用同义词替换一个词汇，而不会显著改变消息的语义。这种特征交叉替换(feature cross-substitution)攻击的代价为零是合理的。为了建立这一模型，假设每个特征 j 都有一个其他特征的等价类 F_j，这些特征可以“自由地”用作 j 的替代。那么代价函数可以表示为

$$c(x,x^A)=\sum_j \min_{k\in F_j \mid x_j^A \oplus x_k=1} \alpha_j \left| x_k - x_j^A \right| \tag{4-4}$$

其中$\oplus$是异或，因此 $x_j^A \oplus x_k=1$ 确保我们只在不同的特征之间进行替换，而不是简单地增加特征。

无论使用哪种代价函数，下一个问题都是如何表示攻击者在分类器显示为良性和最小化规避代价之间所面临的权衡。也许最直观的表示方法是通过以下优化问题：

$$\min_x[\min\{g(x),0\}+\lambda c(x,x^A)] \tag{4-5}$$

其中参数 λ 权衡显示较为良性和导致规避代价的相对重要性。注意，$\min\{g(x), 0\}$意味着，如果攻击者被分类为恶意的，则其获得的效用为零，但从看起来更加良性(即具有较小的 $g(x)$)中获益。这反映了文献中典型的规避攻击，其中攻击明确希望对分类器尽可能是良性的。然而，即使特征空间和 $g(x)$是凸的，这一项也使优化非凸。一种自然的凸松弛是攻击者的以下替代目标：

$$\min_x[g(x)+\lambda c(x,x^A)] \tag{4-6}$$

另一种建模方法假设攻击者只关心看上去是良性的，而不关心良性的程度。这可以在几个基本上等效的模型中得到。一个是以下优化问题：

$$\min_x \quad c(x,x^A) \tag{4-7a}$$

$$\text{s.t.} \quad f(x)=-1 \tag{4-7b}$$

虽然这个模型是直观的，但它具有这样的特性：只要存在一些被 $f(x)$分类为良性的特征向量 x，攻击者就可以一直成功。因此，该模型在分析改进形式下的分类器脆弱性时最为有用，这里我们还施加了代价预算约束 C。更准确地说，假设 x^* 解决了问题 4-7。攻击者选择攻击特征向量 x_{new}的决策规则是

$$x_{\text{new}}=\begin{cases} x^* & \text{若 } c(x^*,x^A)\leqslant C \\ x^A & \text{其他} \end{cases} \tag{4-8}$$

这实质上是 Dalvi 等人[2004]使用的模型，他们将相关问题称为最小代价伪装(minimum cost camouflage)。

另一种方法是让攻击者解决以下优化问题：

$$\min_{x}[f(x)+\lambda c(x,x^A)] \tag{4-9}$$

（注意用二元的 $f(x)$ 替换实值的 $g(x)$）。这个问题为攻击者产生一个与我们刚才描述的相同的决策规则，预算约束 $C=\frac{2}{\lambda}$。

这一主题的另一个变体是攻击者的以下优化问题：

$$\min_{x} \quad g(x) \tag{4-10a}$$

$$\text{s.t.} \quad c(x,x^A)\leqslant C \tag{4-10b}$$

这也对攻击者施加了代价预算约束，但没有将重点放在最小化规避代价上，而是试图
34 使实例看起来尽可能良性。

最后一个优化框架上的几个有趣的变体考虑了一组更复杂的约束，对手可以做出一定的修改，并用防御者的损失 $l(g(x))$ 替换目标。第一个例子是自由范围攻击（free-range attack），假设对手可以自由地将数据移动到特征空间的任何地方。对手唯一需要的知识是每个特征的有效范围。令 $x_j^{\max}$ 和 $x_j^{\min}$ 是第 j 个特征可以取的最大值和最小值。则攻击实例 x 的界限如下：

$$C_f x_j^{\min}\leqslant x_{ij}\leqslant C_f x_j^{\max},\quad \forall j \tag{4-11}$$

其中，$C_f\in[0,1]$ 控制攻击的积极性：$C_f=0$ 表示不可能进行攻击，而 $C_f=1$ 对应于最积极的攻击，允许的数据移动范围最广。

第二个例子是受限攻击（restrained attack），试图将初始恶意特征向量 x^A 移动到特定的目标 x^t。对手可以将 x^t 设置为一个典型的良性特征向量，例如估计的无害数据质心、从观测到的无害数据中采样的数据点或者从估计的无害数据分布中生成的人工数据点。

在大多数情况下，对手无法根据需要将 x^A 更改为 x^t，因为这会损害攻击的恶意值。为了获取这种直觉，受限攻击施加了新的规避实例 x 必须满足的一些约束。首先，

$$(x-x^A)\circ(x^t-x^A)\geqslant 0$$

这可以确保修改与目标从 x^A 开始方向相同。此外，这种攻击对属性 j 的位移量设置了一个上限，如下所示：

$$|x_j-x_j^A|\leqslant C_\xi\left(1-C_\delta\frac{|x_j^t-x_j^A|}{|x_j^A|+|x_j^t|}\right)|x_{ij}^t-x_{ij}| \tag{4-12}$$

其中C_δ，$C_\xi\in[0，1]$根据原始特征向量对目标的位移的比例建模恶意效用的相对损失。这些参数共同决定了攻击的积极性。$1-C_\delta\frac{|x_{ij}^t-x_{ij}|}{|x_{ij}|+|x_{ij}^t|}$根据目标和理想实例之间的原始距离限定了相对于 x^A 的规避攻击的强度：距离越大，$|x_j^t-x_j^A|$受到攻击者的影响的比例越小。

计算最优攻击 既然我们已经定义了避开分类器时对手目标的许多程式化模型，那么接下来的问题是：如何实际解决这些优化问题？我们现在讨论这个问题。

首先，观察到如果 $g(x)$和 $c(x，x^A)$在 x 上是凸的，并且 $x\in\mathbb{R}^m$ 是连续的，那么攻击者决策问题的几乎所有上述公式都是凸的，因此可以使用标准凸优化技术来解决。 35
作为一个简单的例子，假设 $g(x)=w^{\mathrm{T}}x$，$c(x，x^A)=\|x-x^A\|_2^2$(平方 l_2 范数)。优化问题(4-6)将产生一个封闭解

$$x^*=x^A-\frac{2}{\lambda}w$$

但是，更一般地说，优化问题可能是非凸的。如果我们假设特征空间是实值的并且目标足够平滑(例如，具有可微的代价函数和 $g(x)$)，则梯度下降法是解决这些问题以获得局部最优解的最基本技术之一。举例来说，假设攻击者的目标是优化问题(4-6)。如果目标的梯度是

$$G(x)=\nabla_x g(x)+\nabla_x c(x,x^A)$$

则梯度下降过程将迭代使用以下更新步骤：

$$x_{t+1}=x_t-\beta_t G(x) \tag{4-13}$$

其中β_t 是更新步骤。如果 $g(x)$和 $c(x，x^A)$足够平滑，则 Newton-Rhaphson 法等二阶

方法也将有效[Nocedal and Wright，2006]。当然，如果攻击者的问题是凸的，则这两种方法都会产生最优解。

然而，通常特征空间是离散的，甚至是二元的。解决这类问题的一种简单的通用方法是我们统称为坐标贪心(Coordinate Greedy，CG)的一组方法。在 CG 中，首先选择特征的随机顺序，然后从可能性集合中迭代地尝试一次改变一个特征(我们假设这个集合是有限的，当特征离散时通常是这样的)，为这个特征选择最佳值，同时保持所有其他特征不变。达到设定的迭代次数后，或者收敛到局部最优解时，迭代过程停止。

通常，即使是具有离散特征的问题，也可以有足够的特殊结构来允许有效的全局优化方法。Dalvi 等人[2004]的方法就是一个例子，他们描述了一种最小代价伪装攻击，可以使用整数线性规划进行优化计算。为了简化讨论，我们假设在这种情况下，特征空间是二元的(在原始论文中这种方法更为普遍)。它们的攻击是针对朴素贝叶斯(Naive Bayes，NB)分类器的(实际上针对它的代价敏感泛化)。NB 分类器计算概率 $p_+(x)=\Pr\{y=+1\mid x\}$ 和 $p_-(x)=1-p_+(x)$，当且仅当下式成立时预测为$+1$：

$$\log(p_+(x))-\log(p_-(x))>r$$

其中 r 是某个阈值(可以通过考虑错误肯定和错误否定的相对重要性来获得)。因为对于 NB 分类器，$\Pr\{y=+1\mid x\}=\Pr\{y=+1\}\prod_j\Pr\{x_j\mid y=+1\}$，类似有 $\Pr\{y=-1\mid x\}=\Pr\{y=-1\}\prod_j\Pr\{x_j\mid y=-1\}$，我们可以等价地将决策重写为

36

$$\log\Pr\{y=+1\}+\sum_j\log\Pr\{x_j\mid y=+1\}-\log\Pr\{y=-1\}-\sum_j\log\Pr\{x_j\mid y=-1\}>r$$

或者

$$\sum_j[\log\Pr\{x_j\mid y=+1\}-\log\Pr\{x_j\mid y=-1\}]>r' \tag{4-14}$$

其中

$$r'=r-(\log\Pr\{y=+1\}-\log\Pr\{y=-1\}) \tag{4-15}$$

我们定义 $L_j(x_j)=\log\Pr\{x_j\mid y=+1\}-\log\Pr\{x_j\mid y=-1\}$、$L(x)=\sum_j L_j(x_j)$ 以及

$\text{gap}(x)=L(x)-r'$。$\text{gap}(x)$非常重要，因为它捕获了对数概率的最小转换，以产生特征向量的负分类，也就是说，将实例分类为良性而非恶意。一个重要的观察是，对特征的修改将独立地通过 $L_j(x_j)$影响分类决策。此外，我们可以将翻转特征 x_j(将其从 1 变为 0，或从 0 变为 1)的净影响定义为

$$\Delta_j(x_j) = L_j(1-x_j) - L_j(x_j)$$

因此，攻击者的目标是对被分类为恶意的原始实例 x 进行完全修改，该实例超过 $\text{gap}(x)$。

现在我们可以将攻击者的优化问题表述为以下整数线性规划，其中 z_j 是决定特征 j 是否被修改的二元决策变量：

$$\min_z \sum_j z_j \tag{4-16a}$$

$$\text{s. t.} \quad \sum_j \Delta_j(x_j^A) z_j \geqslant \text{gap}(x); \quad z_j \in \{0,1\} \tag{4-16b}$$

其中 x_j^A 是原始“理想”对抗实例 x^A 中的特征 j 的值。这只是背包问题[Martello and Toth，1990]的一个变体，在实践中可以极其快速地解决，即使理论上这是 NP 难问题[Kellerer 等，2004]。最后，在计算出最小代价伪装后，将计算结果与对手的代价预算进行比较。如果原始理想实例的修改低于代价预算，则对手只实现关联的操作 x'。

考虑到实现一般的对抗优化问题的最优解的困难，一种替代方法是寻找实现较好的最坏情况近似保证的算法。这方面的例子相对较少，但值得注意的是 Lowd 和 Meek [2005a]提出的用统一的 l_1 代价函数求解问题(4-7)的算法(即在代价函数(4-2)中，对于所有 i 有$\alpha_i=1$)。该算法从一个任意的良性实例 $x=x^-$ 开始。然后重复两个循环，直到无法进行进一步的修改：第一个循环尝试翻转 x(当前特征向量)中的每个特征，这里 x 不同于理想实例 x^A；第二个循环尝试替换一对与 x^A 不同的特征，还有一些其他特征，它们目前在 x 和 x^A 中是相同的(但会因此变得不同)。在每个循环中，当且仅当新的特征向量仍然被分类为良性，就可以实现一次修改。注意，在每个循环中，每一次这样的潜在变化都会将代价减少 1。算法 4-1 给出了完整的算法，其中 C_x 是特征向量 x 和理想实例 x^A 之间不同的特征集合。Lowd 和 Meek 表明，该算法将最优解近似到$\frac{1}{2}$。 37

算法 4-1　规避线性分类器的 Lowd 和 Meek 近似算法

$x \leftarrow x^-$
repeat
　$x_{\text{last}} \leftarrow x$
　for 每个特征 $j \in C_x$ **do**
　　翻转 x_j
　　if $f(x) = +1$ **then**
　　　翻转 x_j
　　end if
　end for
　for 每个三元组特征 $j, k \in C_x, l \notin C_x$ **do**
　　翻转 x_j, x_k, x_l
　　if $f(x) = +1$ **then**
　　　翻转 x_j, x_k, x_l
　　end if
　end for
until $x_{\text{last}} = x$
return x

4.3.2　对多类分类器的决策时攻击

在介绍了二元分类器中决策时攻击的基本概念之后，我们现在将这些概念推广到对多类分类器的攻击。

从针对性攻击开始，假设攻击者的目标是改变理想实例 x^A，使其被标记为目标类 t。这种攻击的一个自然且非常普遍的模型是以下优化问题：

$$\min_x c(x, x^A) \quad \text{s.t.} \quad f(x) = t \tag{4-17}$$

在这里我们可以像上面所做的那样额外地施加代价预算约束。如果我们希望考虑可靠性攻击，则可以将模型(4-17)中的约束替换为 $f(x) \neq y$，其中 y 是正确标签。

38

然而，通常我们在多类分类器上有更多的结构。对于某个得分函数 $g_y(x)$(注意这是基于分数的二元分类的直接推广，其中 $f(x)=\text{sgn}\{g(x)\}$)，它通常可以表示为

$$f(x) = \arg\max_y g_y(x) \tag{4-18}$$

在这种情况下，对于针对性攻击，我们可以将公式(4-6)转换为

$$\max_x [g_t(x) - \lambda c(x, x^A)] \tag{4-19}$$

或者，对于可靠性攻击，可以将公式(4-6)转换为

$$\min_{x}[g_y(x)+\lambda c(x,x^A)] \tag{4-20}$$

其中 y 是 x 的正确标签。

不幸的是，这种对多类分类器的对抗规避的推广是有问题的。举例来说，考虑一个针对性攻击，攻击者的目标是确保对于某个目标类 t，$f(x)=t$。但是，当我们单独最大化 $g_t(x)$时，也可能无意中对于其他类 $y\neq t$ 最大化 $g_y(x)$，最终结果是对于问题(4-19)的最优解 x^*，$g_t(x^*)<g_y(x^*)$。换句话说，攻击者可能无法实现将 x^* 分类为目标类 t 的目标。

为了解决这个问题，请注意，要获得 $f(x)=t$，攻击者需要以下条件成立：

$$g_t(x)\geqslant g_y(x)\quad \forall y\neq t$$

通过向条件中加入一个安全裕度 γ，我们可以提高针对性攻击的鲁棒性，从而获得

$$g_t(x)-\gamma\geqslant g_y(x)\quad \forall y\neq t$$

重写这个条件，我们可以得到

$$\max_{y\neq t} g_y(x)-g_t(x)\leqslant -\gamma \tag{4-21}$$

Carlini 和 Wagner [2017]建议将问题(4-19)目标中的 $g_t(x)$替换为函数 $h(x;t)$，当且仅当满足条件(4-21)时(也就是，当且仅当 $f(x)=t$，对于增加的裕度 γ)，具有性质 $h(x;t)\leqslant-\gamma$。在他们的实验中，表现特别好的一个函数是

$$h(x;t)=\max\{-\gamma,\max_{y\neq t} g_y(x)-g_t(x)\} \tag{4-22}$$

因此，我们将针对性攻击的优化问题重写为

$$\min_{x}[h(x;t)+\lambda c(x,x^A)] \tag{4-23}$$ 39

可以为可靠性攻击设计类似的变换。虽然导致的优化问题通常是非凸的，但是可以使用标准方法(例如梯度下降法或局部搜索法)来解决这些问题[Hoos and Stützle，2004；

Nocedal and Wright，2006]。

随着对深度学习算法鲁棒性的研究，对多类分类器的攻击变得尤其重要。本书第8章全部用来讨论这个主题。

4.3.3 对异常检测器的决策时攻击

一些著名的规避攻击不是针对分类器，而是针对异常检测系统。虽然在异常检测和分类的具体方法上(前者是无监督的，后者是监督的)存在着明显的差异，但事实证明，对异常检测器的决策时攻击与对二元分类器的规避攻击基本相同。

为了理解这一点，考虑给定 μ 的基于质心的异常检测器。如2.2.4节所述，如果 $\|x-\mu\|\geqslant r$，则特征向量 x 被视为异常。现在，定义 $g(x)=\|x-\mu\|-r$。我们可以看到，当 $f(x)=\operatorname{sgn}\{g(x)\}=+1$ 时，或者等价地，当 $g(x)\geqslant 0$ 时，实例 x 被分类为异常。因此，我们讨论的所有对二元分类器的攻击都直接适用于这里。类似地，对于基于PCA的异常检测器，我们可以定义

$$g(x)=\|x_e\|-r=\|(\mathbb{I}-\mathbf{V}\mathbf{V}^{\mathrm{T}})x\|-r \tag{4-24}$$

其中 $\mathbf{V}$(PCA产生的特征向量矩阵)是给定的，并再次应用标准技术进行二元分类器规避。

4.3.4 对聚类模型的决策时攻击

正如对异常检测器的决策时攻击在概念上等价于对二元分类器的规避攻击一样，一种对聚类的决策时攻击也等价于对多类分类器的攻击。

让我们通过将整个特征空间 $\mathcal{X}$ 划分为 K 个子集 $\{S_1, \cdots, S_K\}$(对应于 K 个团簇)来一般地指定一个聚类模型。于是，当且仅当 $x\in S_k$ 时，任意特征向量 x 属于一个团簇 k。通常，对于某个 $g_y(x)$，这样的团簇分配可以表示为 $k\in\arg\max_y g_y(x)$。例如，假设分配基于与团簇均值的 l_p 距离，$\{\mu_1, \cdots, \mu_K\}$ 是团簇均值的集合；常见的 k 均值聚类方法是 $p=2$ 的特殊情况。于是，$k\in\arg\min_y\|x-\mu_y\|_p=\arg\max_y\|x-\mu_y\|_p^{-1}$。换句话说，$g_y(x)=\|x-\mu_y\|_p^{-1}$。

考虑到这一点，我们现在可以如下定义对聚类的针对性攻击和可靠性攻击。在针

对性攻击中，对手的目标是确保实例 x^A 被错误地分类为属于目标团簇 t，并具有相关的团簇均值 μ_t ⊖。类似地，我们可以将可靠性攻击定义为确保理想实例不再属于其原 40 始(正确)的团簇 y。考虑到上述 $g_y(x)$ 的定义，我们可以像对多类分类器的决策时攻击建模一样，对聚类的此类攻击建模。

4.3.5 对回归模型的决策时攻击

在对回归模型的决策时攻击中，攻击者和以前一样，将从理想的特征向量 x^A 开始，其目标是将其变换为另一个 x'，以完成针对性攻击或可靠性攻击。在针对性攻击中，攻击者有一个目标回归值 t，目的是实现回归模型的预测值 $f(x')$ 尽可能接近 t。另一方面，在可靠性攻击中，攻击者的目的是使得预测值 $f(x')$ 远离正确的预测 y。

我们通过下面的例子来说明对回归的决策时攻击。

例 4.2　考虑单变量 x 的回归函数，如图 4-2 中虚线所示，其中 x^A 是原始的理想攻击。假设攻击者的目的是在对 x^A 进行稍微修改后使预测错误最大化。在该图中，这可以通过将 x^A 转换为 x' 来实现，其中 $f(x') \gg f(x^A)$(例如，扭曲对股票价格的预测，以显著高估股票的价格)。

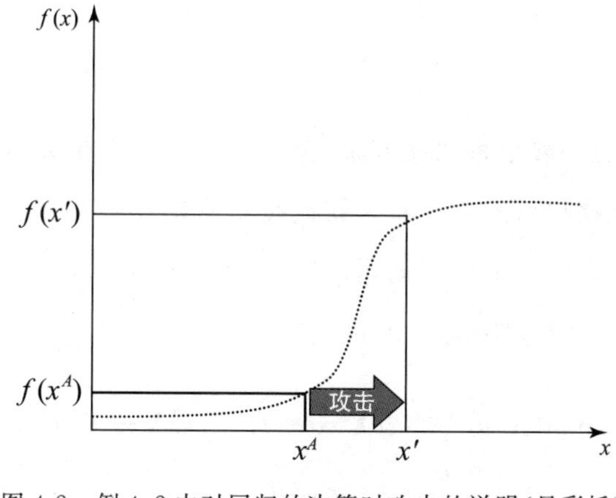

图 4-2　例 4.2 中对回归的决策时攻击的说明(见彩插)

我们可以通过考虑对抗损失函数 $l_A(f(x), t)$ 来建模针对性攻击，该损失函数从

⊖ 这里可能有一个问题，即在聚类中特定的团簇身份标识没有意义。然而请注意，一旦产生了一个聚类模型，它就会导致有意义的团簇身份标识，例如，被团簇均值 μ_t 所刻画。

对手的角度测量对抗实例 x 相对于对手的预测目标 t 造成的误差。这允许我们在实现对抗目标和尽量减少执行决策时攻击的对手所面临的操作之间重新折中：折中的
41 前一部分由损失函数 $l_A(\cdot)$ 获得，而我们可以利用前面讨论过的相同类型的代价函数来获得后者。因此，回归情况下的决策时针对性攻击可以使用以下优化问题来建模：

$$\min_x l_A(f(x),t)+\lambda c(x,x^A) \tag{4-25}$$

可靠性攻击类似于

$$\max_x l(f(x),y)-\lambda c(x,x^A) \tag{4-26}$$

其中攻击者现在试图最大化学习器的损失函数 $l(f(x),y)$。损失和代价函数的一个常见特殊情况是平方 l_2 范数，即 $l_A(f(x),t)=\|f(x)-t\|_2^2$ 和 $c(x,x^A)=\|x-x^A\|_2^2$。

为了提供一个具体的说明，让我们考虑对线性回归模型的攻击[Grosshans 等，2013]。假设给定一个数据点 (x^A,y) 和一个线性回归模型 $f(x)=w^{\mathrm{T}}x$，攻击者的目的是将预测向目标 t 偏移。如果我们对攻击者的损失函数和代价函数都使用(平方) l_2 范数，那么攻击者的优化问题就变成了

$$\min_x (w^{\mathrm{T}}x-t)^2+\lambda\|x-x^A\|_2^2 \tag{4-27}$$

现在，我们可以更一般地将此攻击通过对应于目标 t 的相关向量(每个向量对应一个 (x_i^A,y_i))应用于数据集 $\{(x_i^A,y_i)\}$。我们把所有的特征向量汇聚为一个特征矩阵 $\boldsymbol{X}^A$，把所有的标签汇聚到一个标签向量 y 中。我们可以用矩阵形式写出上述优化问题，以找到特征矩阵从 $\boldsymbol{X}^A$ 到新的 $\boldsymbol{X}$ 的最优变换：

$$\min_X (\boldsymbol{X}^A w-t)^{\mathrm{T}}(\boldsymbol{X}^A w-t)+\lambda\|\boldsymbol{X}-\boldsymbol{X}^A\|_F \tag{4-28}$$

其中，$\|\boldsymbol{X}-\boldsymbol{X}^A\|_F$ 是 Frobenius 范数。我们可以使用一阶条件来描述攻击者对固定模型参数向量 w 的最优响应，因此，将一阶导数等于零，我们得到：

$$(\boldsymbol{X}^* w-t)w^{\mathrm{T}}+\boldsymbol{X}^*=\boldsymbol{X}^A \tag{4-29}$$

或者

$$\boldsymbol{X}^* = (\lambda I + ww^{\mathrm{T}})^{-1}(tw^{\mathrm{T}} + \lambda \boldsymbol{X}^A) \tag{4-30}$$

使用 Sherman-Morrison 公式，我们可以将其等价写为

$$\boldsymbol{X}^* = \boldsymbol{X}^A - (\lambda + \|w\|_2^2)^{-1}(\boldsymbol{X}^A w - t)w^{\mathrm{T}} \tag{4-31}$$

因此，$\boldsymbol{X}^*$ 中的每一行 i 成为原始理想特征向量 x_i^A 向攻击 x_i^* 的变换。 42

Alfeld 等人[2016]对回归模型提出了另一个有趣的攻击变体。特别是，他们考虑对线性自回归(linear autoregressive)模型的攻击，这些模型是用于时间序列分析和预测(例如金融市场中)的常见模型。具体来说，Alfeld 等人[2016]描述了对 d 级线性 AR 模型的攻击，形式如下：

$$x_j = \sum_{k=1}^{d} w_k x_{j-k} \tag{4-32}$$

其中 $x_j \in \mathbb{R}$ 是时间 j 的标量观测值。在这种情况下，防御者(学习器)的目标是在时间 j 对下一个 h 时间步进行预测，这可以通过递归地应用方程(4-32)来完成。攻击者可以观察并修改 d 个观测。

在正式表示中，假设在任意时间点，防御者的 AR(d)模型使用 $x=(x_{-d}, \cdots, x_{-1})$表示的先前 d 个观测，其中 x_{-k}表示决策时间点之前的 k 时间步观测(即，如果决策点是时间 j，则此对应于方程(4-32)中的 x_{j-k})。攻击者可以修改观测值，它们影响 AR 模型，从而产生损坏的观测 x'_{-k}。同时，修改观测向量会导致代价 $c(x, x')$。

如上所述，攻击者的目标可能是针对性攻击，也可能是对学习器可靠性的攻击。我们以针对性攻击为例，其中攻击者有一个目标向量，表示它希望达到的预测 $t \in \mathbb{R}^h$。因此，如果 x^h 是防御者做出的 h 步预测，那么攻击者的对应损失是

$$\|x^h - t\|_{\boldsymbol{W}}^2 \tag{4-33}$$

其中，$\|u\|_{\boldsymbol{W}}^2 = u^{\mathrm{T}}\boldsymbol{W}u$ 是 Mahalanobis 范数。就像典型的规避攻击模型一样，将代价建模为范数是很自然的，例如平方 l_2 距离：

$$c(x, x') = \|x - x'\|_2^2 \tag{4-34}$$

在这种情况下，我们可以等价地表示 $x' = x + \delta$(对于某个攻击向量 δ)，其代价对应

于$\|\delta\|_2^2$。

为了显著地促进对这个问题的分析，我们可以把它变换成矩阵向量表示。首先观察 $x_{j+1}=\boldsymbol{S}x_j$，其中 $\boldsymbol{S}$ 是单步转换矩阵：

$$S=\begin{bmatrix}0_{h-1} & I_{(h-1)\times(h-1)} \\ 0 & 0^{\mathrm{T}}_{(h-d-1)\times 1}w^{\mathrm{T}}\end{bmatrix} \tag{4-35}$$

因此，从当前时间 $j=0$ 开始到时间 $j=h-1$(即超过 h 时间步)的预测向量是 $x_{h-1}=\boldsymbol{S}^h x_{-1}$，其中 $\boldsymbol{S}^h$ 表示 $\boldsymbol{S}$ 的 h 次方。基于对抗性篡改 δ，我们得到篡改结果

43

$$x'_{h-1}=\boldsymbol{S}^h(x_{-1}+\boldsymbol{Z}\delta) \tag{4-36}$$

其中

$$\boldsymbol{Z}=\begin{bmatrix}0_{(h-d)\times d} \\ I_{d\times d}\end{bmatrix} \tag{4-37}$$

正如上面所讨论的，不管有没有约束，我们可以考虑许多攻击模型的变体。允许封闭形式解的一个简单变体是攻击者解决以下优化问题：

$$\min_{\delta}\|\boldsymbol{S}^h(x_{-1}+\boldsymbol{Z}\delta)-t\|_{\boldsymbol{W}}^2+\lambda\|\delta\|_2^2 \tag{4-38}$$

注意，这只是上述问题 4-25 的类似，其中 $l_A(f(x),\ t)=\|\boldsymbol{S}^h(x_{-1}+\boldsymbol{Z}\delta)-t\|_{\boldsymbol{W}}^2$ 和 $c(x,\ x^A)$由平方 l_2 范数获得。最优解是

$$\delta^*=-(\boldsymbol{Q}+2\lambda)^{-1}c \tag{4-39}$$

其中

$$\boldsymbol{Q}=(\boldsymbol{S}^h\boldsymbol{Z})^{\mathrm{T}}\boldsymbol{W}(\boldsymbol{S}^h\boldsymbol{Z}) \tag{4-40}$$

$$c=\boldsymbol{Z}^{\mathrm{T}}(\boldsymbol{S}^h)^{\mathrm{T}}\boldsymbol{W}^{\mathrm{T}}\boldsymbol{S}^h x_{-1}-\boldsymbol{Z}^{\mathrm{T}}(\boldsymbol{S}^h)^{\mathrm{T}}\boldsymbol{W}^{\mathrm{T}}t \tag{4-41}$$

4.3.6 对强化学习的决策时攻击

在强化学习背景下，决策时攻击从根本上说是对利用 RL 学习的模型的攻击。最直接的是，它是对策略 $\pi(x)$的攻击，它将任意状态 x 映射为行动 a，或者如果策略是

随机的，则映射到行动 Δ 的概率分布中。攻击者试图对观察到的状态 x 进行修改，从而导致防御者做出不良的行动选择。假设攻击者针对一个特定的状态 x，它会在攻击中变换为另一个状态 x'。与其他攻击一样，攻击者可能有两个目的：在针对性攻击中，攻击者希望所学策略 π 采取目标行动 $a_t(x)$（不同状态下的目标行动可能不同），而在可靠性攻击中，攻击者的目的是使学习器采取与学习的策略 $\pi(x)$ 不同的行动。

考虑到上面定义的针对性攻击和可靠性攻击对 RL 来说可能是不自然的：更自然的攻击似乎是最小化在状态 x 所采取行动的直接回报，或者最小化预期的未来回报流。我们现在证明，如果学习的模型接近最优，则可以将此类攻击等价为针对性攻击。回想一下，Q 函数 $Q(x, a)$ 精确地定义为在状态 x 如果采取行动 a 所预期的未来回报流，随后是最优策略。如果攻击者假设防御者确实在接近最优地执行任务，并且如果我们定义 $\bar{a}=\arg\min_a Q(x, a)$，那么将预期回报流最小化的攻击等价于目标行动为 $a_t(x)=\bar{a}$ 的针对性攻击。我们可以类似地处理这种情况，即攻击者目的是最小化即时回报。 44

下一个问题是：如何将对 RL 的攻击完全建模为优化问题，以及如何解决这些问题？我们现在观察到，对 RL 的针对性攻击和可靠性攻击本质上等价于对多类分类器的攻击。要看到这一点，请注意，如果我们假设一个关于 Q 函数的贪心策略，那么该策略可以定义为

$$\pi(x) = \arg\max_a Q(x,a) \tag{4-42}$$

现在，如果我们将 a 作为预测类，并定义 $g_a(x)=Q(x, a)$，则可以将其重写为

$$\pi(x) = \arg\max_a g_a(x) \tag{4-43}$$

这与我们前面讨论的基于得分的多类分类器定义相同。因此，我们可以采用与对多类分类器的决策时攻击相同的机制来对 RL 实施针对性攻击和可靠性攻击。

4.4 黑盒决策时攻击

白盒决策时攻击突显了学习方法的潜在弱点。但是，它们依赖一个假设，即攻击者知道关于系统的所有信息，这个假设显然是不现实的。为了完全理解学习方法的弱点，我们现在讨论攻击者只有学习系统的部分信息的情况，通常称为黑盒攻击(black-box attack)。

理解黑盒决策时攻击有两个核心问题：(1)如何对攻击者可能拥有的关于系统的部分信息进行分类，以及利用这些信息可以实现什么；(2)如何建模攻击者获取信息的方式。我们通过描述黑盒决策时攻击的综合分类法(taxonomy)来解决第一个问题。然后，我们讨论一种自然的查询框架，在这个框架内，对手可以获得关于学习模型的信息，我们的讨论集中在对抗规避问题上。

4.4.1 对黑盒攻击的分类法

正如我们之前观察到的那样，决策时攻击是对学习模型 f 的攻击。因此，黑盒攻击基本上是关于攻击者拥有或可以推断的关于学习器所用的真实模型 f 的信息。

在图 4-3 中，我们展示了黑盒决策时攻击的分类法的可视化。考虑到决策时攻击
45 是对模型的攻击，分类法集中于攻击者可能拥有的关于模型的信息，包括使用的特征空间。这是分类法背后的组织原则。

在白盒攻击中，攻击者既知道特征空间(我们用 F 表示)，也知道真实模型 f。同样，攻击者只需知道具有特征集 F 的数据集 D，学习器在该数据集上应用算法 A，通过在 D 上运行算法 A(假设 A 是确定性的)来推导模型 f。另一方面，如果 F、D 和 A 中的任何一个不完全已知，则攻击者只能获得一个接近真实目标模型 f 的代理模型 $\tilde{f}$。此外，近似模型 $\tilde{f}$ 可以表示对真实模型的查询访问，我们将在下面更详细地讨论这个问题。

让我们从攻击者开始，它知道特征集 F。如果攻击者也知道数据集，那么它们可以使用代理算法来派生代理模型 $\tilde{f}$。因此，我们得到信息状态[F，$\tilde{f}$](攻击者知道特征，并且有代理模型)。我们通常希望这种方法在分类学习中非常有效：只要 f 和 $\tilde{f}$ 都是高度精确的，那么预料它们必然是相似的。形式上，假设 $h(x)$ 是 f 和 $\tilde{f}(x)$ 都试图用数据 $\mathcal{D}$ 拟合的一个真实函数，并假设 f 和 $\tilde{f}$ 的错误率都以 ε 为界。那么，

$$\begin{aligned}\Pr_x\{f(x)\neq \tilde{f}(x)\} &= \Pr_x\{[f(x)\neq h(x)\ \wedge\ \tilde{f}(x)=h(x)]\vee[f(x)=h(x)\ \wedge\ \tilde{f}(x)\neq h(x)]\}\\ &\leqslant \Pr_x\{[f(x)\neq h(x)\ \wedge\ \tilde{f}(x)=h(x)]\}+\Pr_x\{[f(x)=h(x)\ \wedge\ \tilde{f}(x)\neq h(x)]\}\\ &\leqslant \Pr_x\{f(x)\neq h(x)\}+\Pr_x\{\tilde{f}(x)\neq h(x)\}\leqslant 2\varepsilon\end{aligned}$$

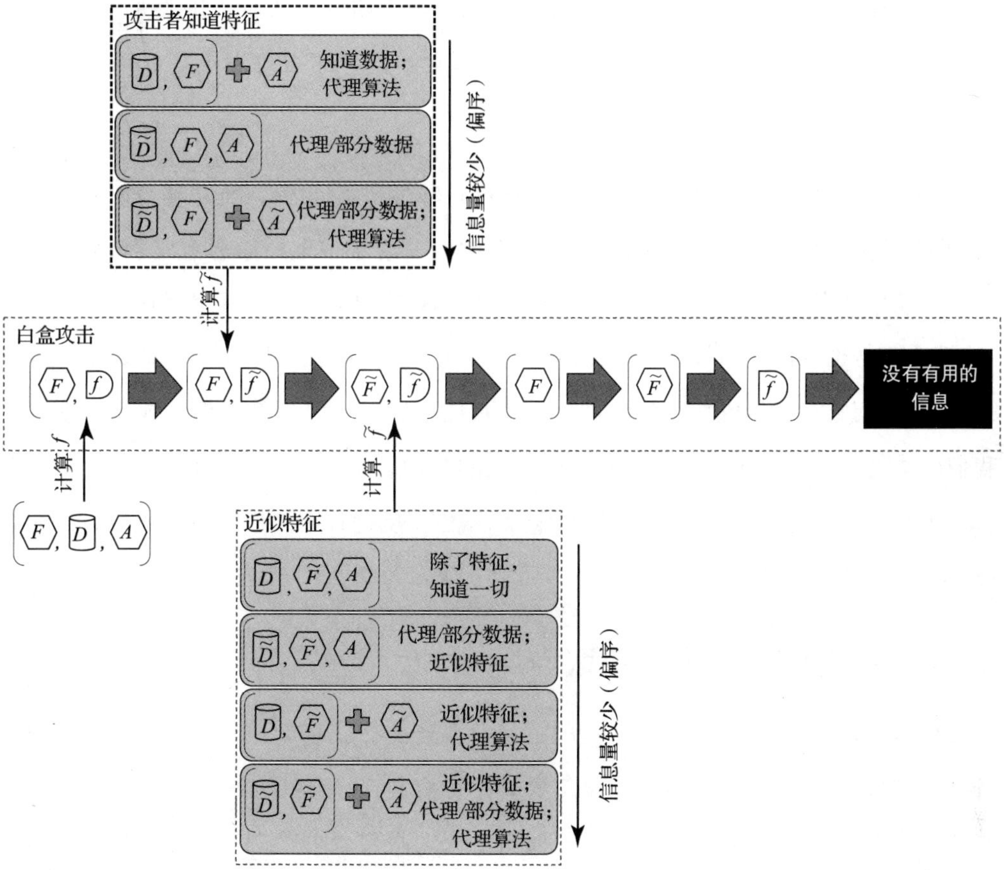

图 4-3 黑盒决策时攻击的层次结构示意图。F 表示真实特征空间，f 表示学习器使用的真实模型，A 表示实际学习算法，D 表示通过应用 A 来学习 f 时的数据集。$\widetilde{f}$ 是近似(代理)模型，$\widetilde{F}$ 是近似特征空间，$\widetilde{A}$ 是代理算法，$\widetilde{\mathcal{D}}$ 是代理或部分数据集，其中所有代理是在相应的完整信息不可用的情况下派生或获得的(见彩插)

现在，即使攻击者只有一个代理数据集 $\widetilde{\mathcal{D}}$，它们仍然可以通过在 $\widetilde{\mathcal{D}}$ 上运行与学习器相同的算法或者其代理来推断代理模型 $\widetilde{f}$。因此，我们仍然得到信息状态 $[F,\ \widetilde{f}]$。这种攻击的成功现在很大程度上取决于真实数据 $\mathcal{D}$ 的近似 $\widetilde{\mathcal{D}}$ 有多好。例如，如果它们都足够大，并且在实例上的分布相似，则我们期望 $\widetilde{f}$ 仍然是模型 f 的一个良好的近似[⊖]。

请注意，即使攻击者不知道真正的特征空间，但是只使用代理 $\widetilde{F}$，也可以使用相

⊖ 我们注意到，这种形式化只提供了攻击有效性的直觉，该攻击针对 $\widetilde{f}$ 设计，成功战胜真正目标 f。因为这个论点是关于期望的，所以两个函数在这个意义上可能是非常相似的，但在攻击的目的上是完全不同的。

同的思想。现在，无论他们是否知道数据或算法，攻击者仍然可以获得一个近似模型 $\tilde{f}$，产生的信息状态$[\tilde{F}, \tilde{f}]$比上述场景中的信息状态略低。然而，知道 F 和$\tilde{F}$之间的区别是至关重要的：如果代理特征空间与 F 非常不同，那么攻击成功的可能性就小得多。

进一步向无信息极端移动，攻击者可能只有特征 F 的知识。在这种情况下，攻击者仍然可以执行模拟攻击(mimicry attack)：例如，给定一个原始恶意实例(如恶意软件)和少量良性实例，攻击者可以尝试直接操纵恶意实例，使其特征接近良性实例的特征。模拟攻击也可以使用代理特征集$\tilde{F}$来执行，但这里再次说明，除非$\tilde{F}$是 F 的足够好的代理，否则它不可能成功。最后，攻击者可能对特征一无所知，但可能对真实模型(我们用 $\tilde{f}$表示的信息状态)有查询访问权。在这种情况下，攻击者可以直接操纵恶意
46～47 实例(例如，从恶意 PDF 文件中添加和删除对象)，反复查询模型以确定修改是否足以绕过检测器。这就是EvadeML 攻击的本质[Xu 等，2016]。

4.4.2 建模攻击者信息获取

黑盒攻击最早的处理方法之一提出了一种自然的查询模型：攻击者拥有黑盒查询访问权，通过黑盒查询可以提交特征向量 x 作为输入，并观察学习器指定的标签 $f(x)$(例如，分类器是否认为 x 是恶意的)。此后，我们将对查询模型的讨论集中在二元分类器的对抗规避问题上。

Lowd 和 Meek [2005a]提出的这个查询模型中最基本的算法问题是通过多项式次数地查询分类器 $f(x)$来(精确或近似地)求解优化问题(4-7)(最小化加权 l_1 规避代价，容易被误分类为良性)。他们将这个问题称为 ACRE 可学习性(ACRE 是 Adversarial Classifier Reverse Engineering 的缩写)。Lowd 和 Meek [2005a]表明，即使 $f(x)$是线性的，如果特征空间是二元的，这也是 NP 难题。然而，我们前面在白盒攻击中描述的算法 4.1 实际上也可以用于这个查询模型，获得 2-近似。对可学习性的后续研究表明，凸诱导分类器也是近似 ACRE 可学习的，尽管是在连续的特征空间中[Nelson 等，2012]。

查询模型的优点在于，它的目的不是直接近似分类器 $f(x)$，而是只“询问”一系列特定的、但可能代价高昂的问题(因此，根据查询次数的可学习性，被视为代价高昂的

操作）。我们可以考虑的另一种方法是，首先使用查询来近似学习（逆向工程）$f(x)$，然后求解问题（4-7）（不再需要昂贵的查询）。然而，即使学习线性分类器也是NP难的，除非目标函数也是线性的[Hoffgen等，1995]，因此这条路线看起来同样具有挑战性。

幸运的是，从攻击者的角度，学习问题是非常特殊的：在我们的查询模型中，标签与实际的分类决策相对应，没有噪声，而且正在进行逆向工程的分类器本身已经被学习了！这个性质应该足以使逆向工程变得容易。

为了使这种直觉形式化，我们可以求助于著名的多项式可学习性概念。回顾一下第2章，如果我们可以从这个类中为数据的任意分布 $\mathcal{P}$ 计算一个接近最优的候选，那么（非正式地）假设类 $\mathcal{F}$ 是可学习的。在我们的上下文中，学习将在两个层次上进行：首先，由“防御者”学习，它试图区分好的和坏的实例；其次，由“攻击者”学习，它试图推断产生的分类器。我们将攻击者的学习任务称为逆向工程问题，并附加一个限制：相对于防御者使用的真实模型 f，攻击者存在一个小错误 γ。

定义4.3　如果存在一种高效的学习算法 $L(\cdot)$ 对于假设类 $\mathcal{F}$ 有以下性质：对于任意 ε，$\delta\in(0,1)$，存在 $m_0(\varepsilon,\delta)$，使得对于所有 $m\geqslant m_0(\varepsilon,\delta)$ 都有 $\Pr_{z^m\sim\mathcal{P}}\{e(L(z^m))\leqslant\gamma+\varepsilon\}\geqslant 1-\delta$，那么使用假设类 $\mathcal{F}$，数据 (x,y) 上的分布 $\mathcal{P}$ 可以高效地进行 γ-**逆向工程**（γ-reverse engineered）。 48

如下结果表明，高效学习直接意味着高效的0-逆向工程。

定理4.4　假设 $\mathcal{F}$ 是多项式（PAC）可学习的，并且 $f\in\mathcal{F}$。则 (x,y) 上的任意分布（其中 $x\sim\mathcal{P}$ 和 $y=f(x)$）可以高效地进行0-逆向工程。

这是可学习性定义的直接结果。因此，在我们将防御者学习算法的（经验）效率视为实际前提的情况下，这一结果表明逆向工程在实践中是容易的。此外，该思路还建议了一种用于逆向工程分类器的通用算法：

步骤1　生成多项式数量的特征向量 x；
步骤2　为步骤1中生成的每个 x 查询分类器 f；这将产生数据集 $\mathcal{D}=(x_i, y_i)$；
步骤3　利用防御者应用的相同学习算法，从 $\mathcal{D}$ 中学习 $\tilde{f}$。

当然，关键的限制是，这种方法隐式地假设攻击者知道防御者的学习算法以及特征空间。我们可以通过使用代理算法$\widetilde{A}$和代理特征空间$\widetilde{F}$来放宽这一限制，但是显然这可能显著降低该方法的有效性。

在这个查询模型的变体中，对手可以观察被查询实例 x 的分类得分 $g(x)$，而不仅仅是分类决策 $f(x)$。由于我们可以直接将分类得分转化为分类，因此逆向工程的所有结果都会被继承。然而在实践中，分类得分通常更容易学习。

4.4.3 使用近似模型的攻击

即使我们能够合理地估计决策函数 $f(x)$或得分函数 $g(x)$，它也永远不准确。让我们用$\widetilde{g}(x)$表示得分函数的近似值。一种方法是在白盒攻击的优化问题中简单地使用$\widetilde{f}(x)$或近似得分$\widetilde{g}(x)$。然而，攻击者可能希望更加保守，以确保攻击最有可能成功。我们现在描述一种方法，以在特殊的对抗性规避情况下明确解释这种模型不确定性。

在规避攻击中，攻击者防范不确定性的一种方式是，将评价修改后的实例 x 的相似性的一项融入良性特征向量。为此，以下直觉是有帮助的：基于典型的良性数据，我们希望成功的攻击看起来是良性的。为了精确起见，假设 $p_b(x)$表示来自良性类的
49 特征向量 x 的密度函数。然后，通过包含以下密度项(在问题(4-6)的情况下)，可以修改攻击者的优化问题：

$$\min_{x}\widetilde{g}(x)+\lambda c(x,x^{A})-\beta p_{b}(x) \tag{4-44}$$

这里，除了攻击目标(由$\widetilde{g}(x)$获得)和代价(由 $c(x, x^A)$获得)之间的常规权衡之外，我们还试图根据良性数据的密度 $p_b(x)$来最大化 x 为良性的可能性。

自然有人想知道我们如何获得(或近似)密度函数 $p_b(x)$。Biggio 等人[2013]提出了一种方法，即利用基于核的非参数密度估计，而密度估计使用已知良性实例 D_- 的数据集，其中

$$p_{b}(x)=\sum_{i\in D_{-}}k\left(\frac{x-x_{i}}{h}\right) \tag{4-45}$$

其中 $k(\cdot)$是核函数，h 是核平滑参数。

4.5 参考文献注释

对异常检测模型的规避攻击(称为多态混合攻击)的重要早期例子是由 Fogla 等人[2006]提出的，然后 Fogla 和 Lee [2006]进行了极大推广。我们对多态混合攻击的讨论基于这些努力。Xu 等人[2016]最近描述了使用遗传规划攻击 PDF 恶意软件分类器的工作，这是我们讨论该主题的来源。

最早的分类器规避算法处理是由 Dalvi 等人[2004]以及 Lowd 和 Meek [2005a]提出的。Dalvi 等人[2004]考虑了他们称为最小代价伪装的规避攻击，以及开发更鲁棒分类器的元问题(我们将在下一章中阐述)。Lowd 和 Meek [2005a]介绍了一些具有开创性的模型和结果，包括作为攻击者决策问题模型的问题(4-7)和 ACRE 可学习性概念。他们还提出了线性分类模型的 ACRE 可学习性算法，包括二元特征空间上多项式可学习性的 2-近似结果。Nelson 等人[2012]通过考虑凸诱导分类器来扩展 ACRE 可学习性结果，也就是说，对于正例或负例，诱导某些凸分类区域的分类器。在黑盒攻击情况下，我们对学习代理模型的讨论与最近关于深度学习中黑盒攻击和可迁移性的讨论密切相关[Papernot 等，2016c]。

Barreno 等人[2006]和 Nelson 等人[2010]考虑对机器学习的攻击模型以及“防御”分类器的问题，或修改标准算法以生成对规避更加鲁棒的分类器。Biggio 等人[2013，2014b]的许多工作引入了攻击模型和相关优化问题的几种变体[Zhang 等，2015]，并率先开发了针对非线性分类模型的攻击。Hardt 等人[2016]引入了可分离代价函数。 50
Li 和 Vorobeychik [2014]讨论了特征替换的概念，并引入了一个代价函数。他们还证明了特征约简可能对规避攻击的分类器鲁棒性产生微妙影响，特别是当特征可以相互替换时。Zhou 等人[2012]描述了自由范围和受限攻击模型。

在深度学习背景下，已经对多类分类器的规避攻击进行了大量研究(见 Carlini 和 Wagner [2017])，我们借鉴了其中的一些建模思想。在第 8 章中，我们将更详细地讨论这些问题，并提供更全面的参考文献注释。顺便说一下，我们将在那里讨论对强化学习模型的规避攻击，在深度强化学习之外没有看到多少这样的工作。

对回归模型的规避攻击研究相对较少。我们对线性回归的讨论采纳 Grosshans 等人[2013]的观点，他们在更一般的情况下得出攻击，其中包括对攻击者的代价敏感学习模型的不确定性。为了简化讨论，我们省略了模型的代价敏感因素和相关的不确定性。在任何情况下，可论证的是，对于学习者而言，在规避攻击情况下不确定的更重要的因素是：(a)攻击者如何权衡规避代价和目标；(b)针对性攻击中的目标。据我们所知，这些问题在以前的文献中没有被考虑过。我们描述的对线性自回归模型的攻击源于 Alfeld 等人[2016]的工作。

Lowd 和 Meek [2005a]以及基本建模思想还介绍了第一个基于查询的分类器黑盒攻击，ACRE 可学习性的后续工作采用了相同的建模方法。Vorobeychik 和 Li [2014] 51~52 对分类器逆向工程进行了更广泛的讨论，高效学习分类器的 0-逆向工程的结果就是由他们引起的，其可学习性定义来自 Anthony 和 Bartlett [2009]。

决策时攻击的防御

在前一章中，我们讨论了对机器学习模型的多种决策时攻击。在本章中，我们提出一个自然的后续问题：如何防御此类攻击？由于大多数关于决策时攻击下鲁棒性学习的文献都集中在监督学习上，因此我们的讨论仅限于这种情况。另外，我们将在第8章中的深度学习背景下处理此类攻击的一个重要特例。

在本章中，我们首先为使监督学习对决策时攻击更坚固(hardening)问题提供一个一般的概念基础。本章其余部分组织如下。

1. **二元分类器的最优坚固**：本节解决使二元分类器对决策时攻击(主要是规避攻击)具有鲁棒性的问题，并且集中在可以最优解决的几个重要特殊情况。

2. **近似最优的分类器坚固**：这里，我们提出具有更大可扩展性的方法，在某些情况下更为普遍，但只是近似最优的。

3. **决策随机化**：本章的这一部分描述如何开发一种方法，通过原则随机化来坚固一般类型的二元分类器。

4. **使线性回归更坚固**：最后，我们简单描述一种使线性回归对决策时攻击更坚固的方法。

5.1 使监督学习对决策时攻击更坚固

首先回顾一下当我们不关心对抗数据操作时的学习目标。此目标是学习一个具有以下属性的函数 f：

$$\mathbb{E}_{(x,y)\sim\mathcal{P}}[l(f(x),y)] \leqslant \mathbb{E}_{(x,y)\sim\mathcal{P}}[l(f'(x),y)] \quad \forall f' \in \mathcal{F}$$

其中 $\mathcal{P}$ 是数据的未知分布。$\mathbb{E}_{(x,y)\sim\mathcal{P}}[l(f(x), y)]$通常称为分类器 f 的期望风险(expected risk)，我们将其表示为 $\mathcal{R}(f)$。在传统学习中，训练数据和未来数据(我们希望基于它进行预测)都是依据 $\mathcal{P}$ 分布的。

在对抗监督学习中，我们假设有一种特殊的方式，未来数据的分布与训练数据相比较进行修改：例如在对抗目标集 $\mathcal{S}\subseteq\mathcal{X}\times\mathcal{Y}$ 中，对手修改相应的特征向量，以引起预测错误(或者像在针对性攻击中那样匹配另一个目标标签，或者像在可靠性攻击中那样最大化错误)。

我们可以将决策时攻击抽象地表示为一个函数 $\mathcal{A}(x; f)$，它将特征向量与学习模型一起映射到新的特征向量，也就是说，采用他们希望使用的原始特征向量(由训练数据或者采样这些数据的分布 $\mathcal{P}$ 所表示)，并将其修改为新的特征向量，以改变学习的函数 f 的预测标签。给定函数 f 的情况下，期望的对抗经验风险 $\mathcal{R}_A(f)$是

$$\mathcal{R}_A(f)=\mathbb{E}_{(x,y)\sim\mathcal{P}}[l(f(\mathcal{A}(x;f)),y)\mid(x,y)\in S]\Pr_{(x,y)\sim\mathcal{P}}\{(x,y)\in S\}$$
$$+\mathbb{E}_{(x,y)\sim\mathcal{P}}[l(f(x),y)\mid(x,y)\notin S]\Pr_{(x,y)\sim\mathcal{P}}\{(x,y)\notin S\} \tag{5-1}$$

请注意，我们将对抗风险函数分为两部分：一部分对应于对抗实例，其行为符合我们通过函数 $\mathcal{A}$ 编码的模型，另一部分对应于未修改的非对抗实例。目标是求解对抗经验风险最小化(adversarial empirical risk minimization)问题

$$\min_{f\in\mathcal{F}}\mathcal{R}_A(f) \tag{5-2}$$

当然，和传统学习一样，问题(5-2)在分布 $\mathcal{P}$ 未知的情况下是无法求解的。相反，假设存在一个训练数据集 $\mathcal{D}=\{x_i, y_i\}_{i=1}^n$，我们将它作为代理。特别是，我们将对抗经验风险函数$\widetilde{\mathcal{R}}_A(f)$定义为

$$\widetilde{\mathcal{R}}_A(f)=\sum_{i\in\mathcal{D}:(x_i,y_i)\in S}l(f(A(x_i;f)),y_i)+\sum_{i\in\mathcal{D}:(x_i,y_i)\notin S}l(f(x_i),y_i) \tag{5-3}$$

然后，我们用以下优化问题来近似方程(5-2)：

$$\widetilde{\mathcal{R}}_A^*=\min_{f\in\mathcal{F}}\widetilde{\mathcal{R}}_A(f)+\rho(f) \tag{5-4}$$

其中 $\rho(f)$是像在传统学习中那样的标准正则化函数，$\widetilde{\mathcal{R}}_A^*$ 是最小经验对抗风险。

看待使学习对决策时攻击更坚固问题的一种有用方法是将其视为 Stackelberg 博弈。在 Stackelberg 博弈中，有两个玩家：领导者和跟随者。领导者首先行动，做出战略决策，然后由跟随者观察(或了解)。然后跟随者做出自己的选择，此时游戏结束，

双方的回报得以实现。在我们的情形中，领导者是学习器，其战略选择是模型 f。跟随者是攻击者，它观察 f，并选择最优的决策时攻击，我们通过映射 $\mathcal{A}(x_i; f)$来为每个实例$(x_i, y_i)\in S$进行表示，其中$\{x_i\}$编码攻击者的原始“理想”特征向量。Stackelberg 博弈的解是 Stackelberg 均衡，其中$\{f, \{\mathcal{A}(x_i; f)\}_{i\mid(x_i,y_i)\in S}\}$的组合是这样的：

1. 对于每个 $i\mid(x_i, y_i)\in S$，$\mathcal{A}(x_i; f)$是 f 的最好响应(也就是说，给定 x_i 和 f，攻击者根据第 4 章中的攻击模型进行优化)；
2. f 最小化对抗经验风险。

我们在本章中讨论的方法要么为某个预先定义的攻击模型和学习器计算这个博弈的 Stackelberg 均衡，要么对它进行近似。

例 5.1 考虑一个简单的一维特征空间 $x\in[0, 1]$和两个实例的数据集 $\mathcal{D}=\{(0.25, 良性), (0.75, 恶意)\}$。我们的目标是在 x 上找到一个阈值 r，以便鲁棒地区分良性和恶意实例。在我们的例子中，任何 $x>r$ 都被认为是恶意的，$x\leqslant r$ 是良性的。另外，对于任意这样的阈值，攻击者的目标是最小化 x 的变化，以将其归类为良性，但受到总变化至多为 0.5 的约束(对应于等式(4-7)，附加预算约束 $C=0.5$)。示例如图 5-1 所示。首先考虑一个自然基准线，其中选择阈值 $r=0.5$，即良性和恶意实例等距(这是最大间隔分类的一个例子，它根源于支持向量机[Bishop，2011])。由于攻击者可以轻易将实例修改为恰好低于 0.5，因此阈值不是规避鲁棒的(攻击者可以成功地规避分类器)。然而，另一个阈值 $r=0.25$ 是鲁棒的：如果我们假设攻击者打破了对学习器有利的平局，那么攻击者就不能成功地避开分类器，因为它们最多可以将原始特征修改 0.5，并且学习器即使在规避攻击之后也将具有完美的精度。

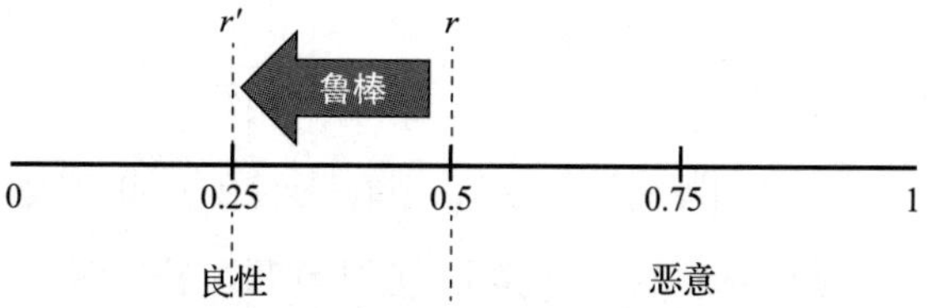

图 5-1 规避鲁棒的二元分类示例(见彩插)

例 5.1 强调了一个有趣的平局决胜问题。事实上，我们使用了 Stackelberg 均衡概念的改进，称为强 Stackelberg 均衡(Strong Stackelberg Equilibrium，SSE)，在这种 55
均衡中，攻击者的最佳响应之间的平局被打破，从而有利于学习器[Tambe，2011]。

其技术原因是 SSE 始终保证存在。一个概念上的原因是，学习器通常可以在其决策 f 中做一些小的修改，使攻击者严格地倾向于其均衡选择，而对防御者的损失影响最小。例如，如果在例 5.1 中，攻击者的成本是 $C=0.4$，那么最优阈值是 $r=0.35$，学习器可以始终使得 $r=0.35-\varepsilon$（对于任意小的 ε），并且确保在不牺牲精度的情况下成功攻击是不可行的。

关于上面的 Stackelberg 博弈模型的一个重要问题是，如果是黑盒攻击，则对手可能不知道分类器 f。但是请注意，如果我们对鲁棒性学习感兴趣，则可以合理地假设攻击是白盒的：首先，学习器知道 f 模型；其次，对白盒攻击的鲁棒性意味着对黑盒攻击的鲁棒性。另一个警告是，实际的博弈是相对于攻击者的未知分布。在实践中，我们可以使用训练数据集作为此分布的代理，这是机器学习中的标准。

5.2　最优规避鲁棒性分类

我们从最小化对抗经验风险（AER）的角度出发，通过考虑最优规避鲁棒的二元分类，开始讨论使学习对决策时攻击更坚固的方法。在这种情况下，考虑将数据集划分为两部分是有用的：$\mathcal{D}_+$，对应于 $y_i=+1$（恶意实例）的实例；$\mathcal{D}_-$，对应于 $y_i=-1$ 或 $y_i=0$（良性实例，取决于类别的编码方式）。

5.2.1　最优规避鲁棒的稀疏 SVM

首先，我们提出一种最优的规避鲁棒的二元分类算法，该算法可以应用于第 4 章描述的大多数规避攻击模型。该算法由 Li 和 Vorobeychik [2018]提出，针对线性支持向量机二元分类器，具有 l_1 正则化。

由于对手对应于特征向量 x_i，它们是恶意的（我们将其解释为对手的“理想”实例 x^A），因此将给定的对抗实例用索引 i 引用。现在我们在 l_1 正则化 SVM 的情况下，将对抗经验风险最小化问题重新写为一个双层规划问题，其中学习器首先选择权值 w，攻击者将恶意实例 x_i（即 $i\in\mathcal{D}_+$）修改为替代的 $\widetilde{x_i}$，以响应：

$$\min_{w}\sum_{i\in\mathcal{D}_-}l_h(-1,w^{\mathrm{T}}x_i)+\sum_{i\in\mathcal{D}_+}l_h(1,w^{\mathrm{T}}\widetilde{x_i})+\delta\|w\|_1 \tag{5-5}$$

$$\text{s.t.}\quad \forall i\in\mathcal{D}_+$$

$$z_i = \mathop{\arg\min}_{x \mid h(x;w) \leqslant 0} l_A(x, x_i; w)$$

$$\widetilde{x}_i = \begin{cases} z_i & z_i \in \mathcal{C}_i \\ x_i & \text{其他} \end{cases}$$

其中 $l_h(y, w^{\mathrm{T}}x) = \max\{0, 1 - yw^{\mathrm{T}}x\}$ 是铰链损失(hinge loss)，$l_A(x, x_i; w)$ 是攻击者希望最小化的对抗损失函数(可能取决于学习参数 w)，受制于约束 $h(x; w) \leqslant 0$，而 $\mathcal{C}_i$ 是针对对抗实例 i 的可行的攻击集合。约束 $h(x; w) \leqslant 0$ 的一个例子是 $w^{\mathrm{T}}x \leqslant 0$，也就是说，攻击者希望确保将其分类为良性。

正如我们在公式中所看到的，攻击者的决策取决于其预算约束是否被最优的对抗实例所满足(例如，是否距离原始恶意实例很远，导致其恶意功效受到很大程度的损害)。这是由约束“$\widetilde{x}_i = z_i$，如果 $z_i \in \mathcal{C}_i$”表示的，否则攻击者不修改其原始特征向量 x_i。预算约束的一个自然例子是 $\mathcal{C}_i = \{z \mid c(z, x_i) \leqslant C\}$，其中 C 是攻击者的代价预算。

我们的方法和公式(5-5)的威力在于，它原则上允许一个任意的对抗损失函数 $l_A(x, x_i; w)$，因此允许一个任意的代价函数。下面描述的方法将能够泛化，只要我们有一个算法在给定分类器时优化对手的损失。

为了求解优化问题(5-5)，我们现在描述如何将其表示为一个(非常大的)数学程序，然后提出几种启发式方法使其易于处理。第一步观察到，铰链损失函数和 $\|w\|_1$ 都可以很容易地用标准方法线性化。因此，我们将重点放在更具挑战性的任务上，即将分类选择 w 的对抗决策表达为线性约束的集合。

考虑对手的核心优化问题：当 $z_i \in \mathcal{C}_i$ 时，计算

$$z_i = \mathop{\arg\min}_{x \mid h(x;w) \leqslant 0} l_A(x, x_i; w) \tag{5-6}$$

否则 $z_i = x_i$。

现在定义一个辅助矩阵 T，其中每一列对应于一个特定的攻击特征向量 x'，我们使用变量 a 对其进行索引；因此，T_{ja} 对应于攻击特征向量(索引 a)中特征 j 的值。定义另一个辅助二元矩阵 Q，其中，当且仅当攻击实例 i 的攻击策略 $a \in \mathcal{C}$ 时，$Q_{ai} = 1$。

接下来，定义一个矩阵 L，其中 L_{ai} 是在策略 a 中对抗实例 i 的攻击者损失。最后，

57 令 z_{ai} 是一个二元变量，它为对抗实例 i 选择一个特征向量 a。首先，对于一个策略 a：$\sum_a z_{ai}=1\ \forall i$，我们必须有约束 $z_{ai}=1$。现在，假设选择的策略 a 是攻击实例 i 的最佳可用选项：它可能低于代价预算，在这种情况下，这是对手使用的策略；或者高于预算，在这种情况下，使用 x_i。我们可以计算对应于对抗实例的损失函数中 $w^{\mathrm{T}}\tilde{x}_i$ 的值：

$$w^{\mathrm{T}}\tilde{x}_i=e_i=\sum_a z_{ai}w^{\mathrm{T}}(Q_{ai}T_a+(1-Q_{ai})x_i) \tag{5-7}$$

该表达式引入了双线性项 $z_{ai}w^{\mathrm{T}}$，但是由于 z_{ai} 是二元的，因此可以使用 McCormick 不等式[McCormick，1976]将这些项线性化。

为了确保 z_{ai} 选择的策略能够在所有可行的选项(由矩阵 L 获得)中最小化对手的损失 $l_A(\cdot)$，我们可以引入约束条件

$$\sum_a z_{ai}L_{ai}\leqslant L_{a'i}+M(1-r_{a'})\quad\forall a'$$

其中 M 是一个大常数，r_a 是一个指标变量。对于攻击策略 a，当且仅当 $h(T_a;w)\leqslant 0$ 时(也就是说，如果特征向量 x 与攻击 a 相关，满足约束 $h(x;w)\leqslant 0$)，有 $r_a=1$。我们可以使用如下约束为所有 a 计算 r_a：

$$(1-2r_a)h(T_a;w)\leqslant 0$$

完整的数学规划公式如下所示：

$$\min_{w,z,r}\sum_{i\in\mathcal{D}_-}\max\{0,1-w^{\mathrm{T}}x_i\}+\sum_{i\in\mathcal{D}_+}\max\{0,1+e_i\}+\delta\|w\|_1 \tag{5-8a}$$

$$\text{s.t.}\quad\forall a,i,j:\quad z_{ai},r_a\in\{0,1\} \tag{5-8b}$$

$$\sum_a z_{ai}(a)=1 \tag{5-8c}$$

$$\forall i:\quad e_i=\sum_a m_{ai}(Q_{ai}T_a+(1-Q_{ai})x_i) \tag{5-8d}$$

$$\forall a,i,j:\quad -Mz_{ai}\leqslant m_{aij}\leqslant Mz_{ai} \tag{5-8e}$$

$$\forall a,i,j:\quad w_j-M(1-z_{ai})\leqslant m_{aij}\leqslant w_j+M(1-z_{ai}) \tag{5-8f}$$

$$\forall a',i:\quad\sum_a z_{ai}L_{ai}\leqslant L_{a'i}+M(1-r_{a'}) \tag{5-8g}$$

$$\forall a:\quad(1-2r_a)h(T_a;w)\leqslant 0 \tag{5-8h}$$

变量 m_{ai} 允许我们线性化约束(5-7)，用约束(5-8d)～(5-8f)替换它们。约束(5-8h)是剩下的唯一非线性约束，它取决于函数 $h(T_a; w)$ 的具体形式。我们在下面两个特殊的攻击模型中处理它。

由于两个原因，上述数学规划是难以解决的：第一，必须为每个对抗实例 i 计算出最佳响应(使用上面的一组约束)，其中可能有许多；第二，我们需要为每个可行的攻击行动(特征向量)x(用 a 索引)设置一组约束。我们可以通过将“理想的”攻击向量 x_i 聚类成一组团簇，并使用每个团簇的平均值作为代表性攻击者的理想攻击 x^A 来解决第一个问题。这大大减少了对手的数量，因此也大大减少了问题的规模。为了解决第二个问题，根据 Li 和 Vorobeychik [2018]，我们可以使用约束生成来迭代地将策略 a 添加到上述数学规划中，这通过计算每次迭代中要添加的最优或近似最优的攻击策略来实现。 58

使用聚类和约束生成的完整迭代算法如算法 5-1 所示。数学规划中的矩阵 Q 和 L 可以在每次迭代中使用策略矩阵和相应的 T 以及约束集 C_i 预先计算。computeAttack()函数通过求解(通常是近似地)优化问题 $z_i = \arg\min_{x \in C_i} l_A(x, x_i; w)$ 来生成最优攻击。

算法 5-1　AdversarialSparseSVM(X)

T =init() // 初始攻击集合
$\mathcal{D}' \leftarrow$ cluster($\mathcal{D}$)
$w_0 \leftarrow$ MILP($\mathcal{D}', T$)
$w \leftarrow w_0$
while T 改变 **do**
　for $i \in \mathcal{D}'_+$ **do**
　　t =computeAttack(x_i, w)
　　$T \leftarrow T \cup t$
　end for
　$w \leftarrow$ MILP($\mathcal{D}', T$)
end while
return w

注意，只有在全特征空间有限的情况下，该算法才能保证收敛(尽管不需要快速)。当特征连续时，约束生成算法根本不需要收敛，尽管在大多数情况下，它可能会到达一个点，在那里新的迭代导致分类器发生非常小的变化。

接下来，我们将在第 4 章描述的两种对抗模型上下文中说明这种方法。如下面所示，两者都可以被表示为混合整数线性规划。

我们考虑的第一个模型(在第4章中扩展问题(4-7))最小化对手的代价$c(x, x_i)$，这个代价受$w^T x \leqslant 0$的约束，即对抗实例被分类为良性。所讨论的扩展也要强加代价约束$C_i=\{x|c(x, x_i)\leqslant C\}$。在上面的符号中，这意味着对手的损失只是$l_A(x, x_i; w)=c(x, x_i)$。代价预算约束可以通过上述数学规划直接处理。非线性约束(5-8h)现
59
在变为$(1-2r_a)w^T T_a \leqslant 0$。这个约束再次引入双线性项，这些项也可以线性化，因为r_a是二元的。特别是，我们可以用以下约束条件替换它：

$$\begin{aligned} &\forall a: \quad \sum_j w_j T_{ja} \leqslant 2\sum_j T_{ja} t_{aj} \\ &\forall a,j: \quad -Mr_a \leqslant t_{aj} \leqslant Mr_a \\ &\forall a,j: \quad w_j - M(1-r_a) \leqslant t_{aj} \leqslant w_j + M(1-r_a) \end{aligned} \tag{5-9}$$

在这里我们引入一个新的变量t_{aj}来辅助线性化。稀疏SVM中对抗经验风险最小化的完整数学规划在这种攻击模型的上下文中变成了混合整数线性规划(Mixed-Integer Linear Programming，MILP)。最后，我们可以通过在每次迭代中执行Lowd & Meek算法(算法4.1)的变体来实现迭代约束生成方法，以响应在先前迭代中计算的分类器w。

我们的第二个例子是方程(4-6)描述的规避攻击模型。在这种情况下，对抗损失变成$l_A(x, x_i; w)=w^T x+c(x, x_i)$。没有约束$C_i$，且$h(x; w)\equiv 0$，这也去除了非线性约束(5-8h)。攻击者的最佳响应计算computeAttack()可以使用坐标贪心算法来计算(见第4章)。因此，我们再一次获得MILP，用于计算最优学习算法以最小化对抗经验风险。

5.2.2 应对自由范围攻击的规避鲁棒SVM

鲁棒学习的下一个特殊示例考虑前一章中描述的自由范围攻击。这种攻击的一个重要特征是，攻击者的目标是在受到线性约束的情况下，使训练数据中对抗实例对应的损失最大化(作为对抗风险的代理)。这允许线性SVM优化问题的易处理扩展，其中$f(x)=w^T x+b$，这里w是权向量w，b是偏置项(注意，我们在此公式中明确了偏置，因为相应的常数1特征不会受到攻击)。

我们从对抗铰链损失(adversarial hinge loss)开始，定义如下：

$$h(w,b,x_i)=\begin{cases} \max\limits_{\widetilde{x}_i} \max\{0,1-(w^T \widetilde{x}_i+b)\} & 如果\ y_i=+1 \\ \{0,1+(w^T x_i+b)\} & 如果\ y_i=-1 \end{cases} \tag{5-10}$$

$$\text{s.t.} \quad C_f x^{\min} \leqslant \widetilde{x}_i \leqslant C_f x^{\max}$$

根据标准的 SVM 风险公式，我们得出

$$\min_{w,b}\sum_{i\in\mathcal{D}_-}\max\{0,1+(w^{\mathrm{T}}x_i+b)\}+\sum_{i\in\mathcal{D}_+}\max_{\widetilde{x}_i}\max\{0,1-(w^{\mathrm{T}}\widetilde{x}_i+b)\}+\delta\|w\|^2 \tag{5-11}$$

结合正例和负例的情况，这相当于：

$$\min_{w,b}\sum_{i}\max_{\widetilde{x}_i}\max\left\{0,1-y_i(w^{\mathrm{T}}x_i+b)-\frac{1}{2}(1+y_i)w^{\mathrm{T}}(\widetilde{x}_i-x_i)\right\}+\delta\|w\|^2 \tag{5-12}$$ 60

这是一个关于 w 和 $\widetilde{x}_i$ 的不相交双线性问题。这里，我们感兴趣的是为给定的 w 找到 $\widetilde{x}_i$ 的最优赋值。

第一步要注意，对于给定的数据点 x_i，当选择 $\eta_i=\widetilde{x}_i-x_i$ 来最小化其对分隔的贡献时，获得最坏情况的铰链损失。我们可以将其表述为以下线性规划：

$$\begin{aligned}&\min_{\eta_i}\frac{1}{2}(1+y_i)w^{\mathrm{T}}\eta_i\\ \text{s. t.}\quad & C_f(x^{\min}-x_i)\leqslant\eta_i\leqslant C_f(x^{\max}-x_i)\end{aligned} \tag{5-13}$$

接下来，利用这个线性规划的对偶，我们得到一个具有对偶变量 u_i 和 v_i 的线性规划：

$$\begin{aligned}&\min C_f\sum_{j}(v_{ij}(x_j^{\max}-x_{ij})-u_{ij}(x_j^{\min}-x_{ij}))\\ \text{s. t.}\quad & u_i-v_i=\frac{1}{2}(1+y_i)w\\ & u_i,v_i\geqslant 0\end{aligned} \tag{5-14}$$

这使我们可以将对抗版本的 SVM 优化问题写为

$$\begin{aligned}&\underset{w,b,t_i,u_i,v_i}{\operatorname{argmin}}\quad \sum_{i}\max\{0,1-y_i\cdot(w^{\mathrm{T}}x_i+b)+t_i\}+\delta\|w\|^2\\ \text{s. t.}\quad & t_i\geqslant\sum_{j}C_f(v_{ij}(x_j^{\max}-x_{ij})-u_{ij}(x_j^{\min}-x_{ij}))\\ & u_i-v_i=\frac{1}{2}(1+y_i)w\\ & u_i,v_i\geqslant 0\end{aligned} \tag{5-15}$$

通过增加松弛变量和线性约束来消除铰链损失的不可微性，我们最终可以将问题重写为以下二次规划：

$$
\begin{aligned}
\underset{w,b,\xi_i,t_i,u_i,v_i}{\operatorname{argmin}} \quad & \sum_i \xi_i + \delta \|w\|^2 \\
\text{s.t.} \quad & \xi_i \geqslant 0 \\
& \xi_i \geqslant 1 - y_i \cdot (w^{\mathrm{T}} x_i + b) + t_i \\
& t_i \geqslant \sum_j C_f (v_{ij}(x_j^{\max} - x_{ij}) - u_{ij}(x_j^{\min} - x_{ij})) \\
& u_i - v_i = \frac{1}{2}(1 + y_i) w \\
& u_i, v_i \geqslant 0
\end{aligned}
\tag{5-16}
$$

61

5.2.3 应对受限攻击的规避鲁棒 SVM

采用受限攻击模型，我们修改铰链损失模型，并按照相同的步骤求解问题：

$$
\begin{aligned}
h(w,b,x_i) \quad = \quad & \begin{cases} \max\limits_{\widetilde{x}_i} \max\{0, 1 - (w^{\mathrm{T}} \widetilde{x}_i + b)\} & \text{如果 } y_i = +1 \\ \{0, 1 + (w^{\mathrm{T}} x_i + b)\} & \text{如果 } y_i = -1 \end{cases} \\
\text{s.t.} \quad & |\widetilde{x}_i - x_i| \leqslant C_\xi \left(1 - C_\delta \frac{|x_i^t - x_i|}{|x_i| + |x_i^t|}\right) \circ |x_i^t - x_i| \\
& (x_i^t - x_i) \circ (\widetilde{x}_i - x_i) \geqslant 0
\end{aligned}
\tag{5-17}
$$

其中 $\circ$ 表示逐点(Hadamard)内积。

同样，通过求解以下最小化问题(其中 $\eta_i = \widetilde{x}_i - x_i$)来获得最坏情况的铰链损失：

$$
\begin{aligned}
& \min_{\delta_i} \frac{1}{2}(1 + y_i) w^{\mathrm{T}} \eta_i \\
\text{s.t.} \quad & |\eta_i| \leqslant C_\xi \left(1 - C_\delta \frac{|x_i^t - x_i|}{|x_i| + |x_i^t|}\right) \circ |x_i^t - x_i| \\
& (x_i^t - x_i) \circ \eta_i \geqslant 0
\end{aligned}
\tag{5-18}
$$

如果令

$$e_{ij} = C_{\xi}\left(1 - C_{\delta} \frac{|x_{ij}^t - x_{ij}|}{|x_{ij}| + |x_{ij}^t|}\right)(x_{ij}^t - x_{ij})^2$$

并且将上面的第一个约束乘以 $x_i^t - x_i$(从而用一组等价的线性不等式代替非线性 $|\eta_i|$ 绝对值项)，我们得到如下对偶：

$$\begin{aligned} &\min \sum_j e_{ij} u_{ij} \\ \text{s. t.}\quad &(-u_i + v_i) \circ (x_i^t - x_i) = \frac{1}{2}(1 + y_i)w \\ &u_i, v_i \geqslant 0 \end{aligned} \tag{5-19}$$

现在可以将 SVM 风险最小化问题重写如下：

$$\begin{aligned} \min_{w,b,t_i,u_i,v_i}\quad &\sum_i \max\{0, 1 - y_i(w^{\mathrm{T}} x_i + b) + t_i\} + \delta \|w\|^2 \\ \text{s. t.}\quad &t_i \geqslant \sum_j e_{ij} u_{ij} \\ &(-u_i + v_i) \circ (x_i^t - x_i) = \frac{1}{2}(1 + y_i)w \\ &u_i, v_i \geqslant 0 \end{aligned} \tag{5-20}$$

62

用线性约束代替非线性铰链损失，我们得到如下二次规划：

$$\begin{aligned} \min_{w,b,\xi_i,t_i,u_i,v_i}\quad &\sum_i \xi_i + \delta \|w\|^2 \\ \text{s. t.}\quad &\xi_i \geqslant 0 \\ &\xi_i \geqslant 1 - y_i(w \cdot x_i + b) + t_i \\ &t_i \geqslant \sum_j e_{ij} u_{ij} \\ &(-u_i + v_i) \circ (x_i^t - x_i) = \frac{1}{2}(1 + y_i)w \\ &u_i, v_i \geqslant 0 \end{aligned} \tag{5-21}$$

5.2.4 无限制特征空间上的规避鲁棒分类

Brückner 和 Scheffer [2011]提出了一种相当通用的规避鲁棒分类方法，他们假设特征空间是不受限制的，即 $\mathcal{X}=\mathbb{R}^m$。假设对手面临如下形式的优化问题：

$$\max_{z_i \in \mathbb{R}^m} \sum_{i \in \mathcal{D}_+} l_A(w^{\mathrm{T}}(x_i + z_i)) + \lambda \sum_i Q(z_i)$$

其中 $l_A(\cdot)$和 $Q(\cdot)$是凸的，z 不受限，防御者的损失函数和正则化项也是严格凸的[⊖]。特别地，我们假设

$$Q(z_i) = \|z_i\|_2^2$$

则下面的优化问题描述了学习器和攻击者的 Stackelberg 均衡决策(忽略学习器的正则化，可以在不影响结果的情况下添加它)：

$$\sum_{w,\tau} \sum_{i \in \mathcal{D}_+} l(w^{\mathrm{T}}(x_i + \tau_i \|w\|^2)) + \sum_{i \in \mathcal{D}_-} l(w^{\mathrm{T}} x_i)$$

$$\forall i \in \mathcal{D}_+ : \tau_i = \frac{2}{\lambda} l(w^{\mathrm{T}}(x_i + \tau_i \|w\|^2))$$

如果损失函数是凸的并且是连续可微的，那么这个问题可以用序列二次规划(Sequential Quadratic Programming，SQP)来求解。

Bruckner 和 Schaeffer 指出，该方法有几个重要的局限。第一个关键的局限是假设
63 对手可以做出任意修改。当分类器包含偏置特征时，这是非常错误的，但更一般地说，特征空间不受限制是很不常见的。通常，特征有上界和下界，如果违反了这些，攻击就很容易被标记出来。第二个重要局限是假设损失函数具有严格的凸性和连续可微性，这排除了常见的损失函数，例如铰链损失和稀疏(l_1)正则化。

5.2.5　对抗缺失特征的鲁棒性

一个重要的特殊攻击案例是，在预测时，对抗选择的特征子集被设置为零(或者被有效地去除)。现在，我们在 SVM 情况下描述这种攻击以及相关的防御方法。对于给定的数据点(x，y)，攻击使铰链损失最大化，但前提条件是约束最多去除 K 个特征(设置为 0)。令 $z_j=1$ 编码去除第 j 个特征的决策(否则 $z_j=0$)。那么可以将攻击者的

⊖ Bruckner 和 Schaefer 最初的陈述稍稍更加通用。在这里，我们以一种与我们关于规避攻击和防御的其他讨论一致的方式来重塑它。

问题表达为以下优化问题：

$$\max_{z_j \in \{0,1\}} \max\{0, 1 - yw^{\mathrm{T}}(x \circ (1 - z))\}$$
$$\text{s.t.} \quad \sum_j z_j = K \tag{5-22}$$

请注意，攻击者将始终删除 yw_jx_j 值最高的 K 个特征。因此，我们可以将最坏情况下的铰链损失写为

$$h^{wc}(yw^{\mathrm{T}}x) = \max\{0, 1 - yw^{\mathrm{T}}x + s\} \tag{5-23}$$

其中

$$s = \max_{z_j \in \{0,1\}, \sum_j z_j = K} yw^{\mathrm{T}}(x \circ z)$$

另外，由于 $\sum_j z_j = K$ 定义的多面体顶点是完整的，因此可以放宽对 z_j 的完整性约束。最后，我们可以改变乘法的顺序来获得

$$s = \max y(w \circ x)^{\mathrm{T}} z$$
$$\text{s.t.} \quad z \in \{0,1\}, \sum_j z_j = K \tag{5-24}$$

利用线性规划的对偶，我们得到

$$s = \min Kz_i + \sum_j v_j \tag{5-25}$$
$$\text{s.t.} \quad v \geqslant 0, \quad z_i + v \geqslant yx \circ w$$ 64

现在我们可以简单地将其插入线性 SVM 的标准二次规划中，将铰链损失替换为它在最坏情况下的变体 $h^{wc}(yw^{\mathrm{T}}x)$，获得

$$\min \frac{1}{2}\|w\|_2^2 + C\sum_i \max\{0, 1 - y_iw^{\mathrm{T}}x_i + s_i\}$$
$$s_i \geqslant Kz_i + \sum_j v_{ij} \tag{5-26}$$
$$z_i + v_i \geqslant y_i(w \circ x_i)$$
$$v_i \geqslant 0$$

一旦铰链损失项被适当线性化，这就变成了凸二次规划。

5.3 使分类器对决策时攻击近似坚固

即使我们试图找到一个关于特定 SVM 损失函数和 l_1 正则化的最优规避鲁棒的线性分类器，这个问题也非常困难。即使是更容易处理的上述针对规避的分类器最优坚固方法，也会对攻击者和(或)学习损失函数做出强假设，并且在任何情况下都不太可扩展。

在许多前期工作中，为了解决直接优化对抗经验风险的可扩展性限制，所采用的方法都是针对原则近似。这类技术主要分为三类：

1. 对抗风险函数的松弛；
2. 将特征空间松弛到连续特征；
3. 利用对抗数据进行迭代再训练。

我们首先描述松弛方法(1 和 2)，然后提出一种迭代再训练方法。为了简化讨论，我们对松弛方法的描述与二元分类情形保持一致。

5.3.1 松弛方法

对抗风险函数的一种常见松弛是将博弈变成零和比赛(zero-sum encounter)，如下所示：

65

$$\begin{aligned}&\sum_{i\in\mathcal{D}_+} l(f(\mathcal{A}(x_i;f)),+1)+\sum_{i\in\mathcal{D}_-} l(f(x_i),-1)\\ \leqslant&\sum_{i\in\mathcal{D}_+}\max_{x\in S(x_i)} l(f(x),+1)+\sum_{i\in\mathcal{D}_-} l(f(x_i),-1)\end{aligned}\tag{5-27}$$

其中 $S(x_i)$对 x_i 的修改施加约束(见 Teo 等人[2007])。这类约束的一个常见例子是，对攻击者的外部指定预算 C 施加一个 l_p 范数边界$\|x-x_i\|_p^p\leqslant C$。

以对攻击者的 l_∞范数约束为例。假设特征空间是连续的，并考虑损失函数的基于得分的变化 $l(yg(x))$。对于 z：$\|z\|_\infty\leqslant C$，令 $x=x_i+z$，零和松弛变为

$$\sum_{i\in\mathcal{D}_+}\max_{\|z\|_\infty\leqslant C} l(g(x_i+z))+\sum_{i\in\mathcal{D}_-} l(-g(x_i))\tag{5-28}$$

假设 $g(x)=w^{\mathrm{T}}x+b$。则 $g(x+z)=w^{\mathrm{T}}x+w^{\mathrm{T}}z+b$，并且如果假设损失函数$l(a)$在 a 中单调递减，那么 $\max\limits_{\|z\|_{\infty}\leqslant C} l(w^{\mathrm{T}}(x_i+z)+b)=l(w^{\mathrm{T}}x_i-C\|w\|_1+b)$。因此，对抗经验风险变为

$$\widetilde{R}_A(w)=\sum_{i\in\mathcal{D}_+} l(w^{\mathrm{T}}x_i+b-C\|w\|_1)+\sum_{i\in\mathcal{D}_-} l(-w^{\mathrm{T}}x_i-b) \tag{5-29}$$

在铰链损失 $l(yw^{\mathrm{T}}x)=\max\{0,\ 1-yw^{\mathrm{T}}x\}$的情况下(例如在支持向量机中那样)，该表达式现在变为

$$\widetilde{R}_A(w)=\sum_{i\in\mathcal{D}_+}\max\{0,1-w^{\mathrm{T}}x_i-b+C\|w\|_1\}+\sum_{i\in\mathcal{D}_-}\max\{0,1+w^{\mathrm{T}}x_i+b\} \tag{5-30}$$

注意到对 l_{∞} 范数攻击的对抗鲁棒性和稀疏正则化之间有趣的关系：对抗鲁棒性实质上意味着对权向量的 l_1 范数的惩罚。在任何情况下，我们都可以采用线性规划来求解这个问题。另外，我们还可以进一步将 $C\|w\|_1$ 从损失函数中拉出，得到一个标准的 l_1 正则化的线性 SVM。

如果特征是二元的，则可以如下修改这种方法：

$$\max_{\|z\|_{\infty}\leqslant C}\max\{0,1-w^{\mathrm{T}}x_i-b+w^{\mathrm{T}}z\}\leqslant\max\{1,1-w^{\mathrm{T}}x_i-b\}+\max_{\|z\|_{\infty}\leqslant C} w^{\mathrm{T}}z \tag{5-31}$$

因此，在 SVM 的情况下，

$$\widetilde{R}_A(w)=\sum_{i\in\mathcal{D}_+}\max\{0,1-w^{\mathrm{T}}x_i-b\}+\sum_{i\in\mathcal{D}_-:y_i=-1}\max\{0,1+w^{\mathrm{T}}x_i+b\}+|\mathcal{D}_+|\max_{\|z\|_{\infty}\leqslant C} w^{\mathrm{T}}z \tag{5-32}$$

应用前述的连续特征松弛，我们可以进一步松弛

$$\max_{\|z\|_{\infty}\leqslant C} w^{\mathrm{T}}z\leqslant C\|w\|_1 \tag{5-33}$$

使攻击再次转化为相应的模型正则化，并再次获得标准的 l_1 正则化的线性 SVM。 66

这些例子说明了正则化和规避鲁棒性之间的一个非常重要且通用的联系[Russu 等，2016；Xu 等，2009b]。为使通用联系形式化，考虑将表达式(5-27)的替代松弛转

化为鲁棒优化问题：

$$\sum_{i\in\mathcal{D}_+} l(f(\mathcal{A}(x_i;f)),+1)+\sum_{i\in\mathcal{D}_-} l(f(x_i),-1)\leqslant\sum_{i\in\mathcal{D}}\max_{x\in S(x_i)} l(f(x),y_i)\quad(5\text{-}34)$$

也就是说，现在我们允许域中的每个实例都成为潜在的攻击者。进一步，再次假设如上所述的约束集 $S(x_i)=\{z\mid\|z-x_i\|_p\leqslant C\}$。在这种情况下，Xu 等人[2009b]提出以下结果。

定理 5.2　下列优化问题是等价的：

$$\min_{w,b}\sum_{i\in\mathcal{D}}\max_{z\mid\|z-x_i\|_p\leqslant C}\max\{0,1-y_i(w^{\mathrm{T}}z+b)\}$$

$$\min_{w,b}\sum_{i\in\mathcal{D}}\max\{0,1-y_i(w^{\mathrm{T}}x_i+b)\}+C\|w\|_q$$

其中 p 和 q 是对偶范数(即$\frac{1}{p}+\frac{1}{q}=1$)。

鲁棒性和正则化之间的这种联系是非常强大的。然而，定理 5.2 中所阐述的精确联系特定于 SVM 和鲁棒优化问题，在该问题中，所有实例都可以是对抗的。在实际中，鲁棒优化方法本身可能过于保守。现在让我们回到前面的示例(例 5.1)。首先，假设 $C=0.25$。在这种情况下，最佳阈值 $r=0.5$ 是最大间隔决策规则，正如我们在一维特殊情况(所有 l_p 范数都一致)下定理 5.2 所期望的那样。另一方面，如果 $C=0.4$，问题的鲁棒优化松弛将预测对于任何 $0.25\leqslant r\leqslant 0.75$，我们必须犯 1 个错误(因为两个数据点中至少有一个能够在代价预算内跳过阈值)，因此每个阈值都是同样好的。当然，在这个例子中不是这样的，因为良性数据点不会对抗地改变它的特征，并且事实上，我们可以通过设置 $r=0.3$ 而得到 0 错误(例如，最优结果不是唯一的)。

5.3.2　通用防御：迭代再训练

有一种非常通用的方法可以使监督学习对多年来以各种形式存在的对抗规避变得更加鲁棒：再训练(retraining)。术语“再训练”实际上是指许多不同的思想，因此从今以后我们将下面的具体算法称为迭代再训练。思想是这样的：从应用选择的标准学习算法到训练数据开始，接着根据 $\mathcal{A}(x_i;f)$变换训练数据中的每个对抗特征向量(即

每个 $i:(x_i, y_i) \in S$），然后将得到的变换后的特征向量添加到数据中。迭代地重复这两个步骤，直到收敛（或接近收敛），或者达到固定的迭代次数。因为这个非常简单的思想相当有用，所以我们给出完整的迭代再训练算法（算法 5-2）。

算法 5-2　迭代再训练

1: 输入：训练数据 $\mathcal{D}$，规避攻击函数 $\mathcal{A}(x; f)$
2: $N_i \leftarrow \varnothing \; \forall \, i : y_i \in T_A$
3: **repeat**
4: 　　$f \leftarrow \text{Train}(\mathcal{D} \cup_i N_i)$
5: 　　$v \leftarrow \varnothing$
6: 　　**for** $i : (x_i, y_i) \in S$ **do**
7: 　　　　$x' = \mathcal{A}(x_i; f)$
8: 　　　　**if** $x' \notin N_i$ **then**
9: 　　　　　　$v \leftarrow v \cup x'$
10: 　　　**end if**
11: 　　　$N_i \leftarrow N_i \cup x'$
12: 　**end for**
13: **until** TerminationCondition(v)
14: 输出：学习模型 f

算法 5-2 的一个重要部分是 TerminationCondition 函数。一个自然的终止条件是 $v = \varnothing$，也就是说，在某个给定的迭代中，没有新的对抗实例被添加到数据中。结果表明，如果算法真的达到这一条件，则其结果具有很好的理论性质：解 f 的经验风险是最优对抗经验风险的上界。

定理 5.3　假设算法 5-2 已经收敛，不能添加新的对抗实例，并且令最后一次迭代后的经验风险为 $\mathcal{R}_{\text{retraining}}$。则 $\widetilde{\mathcal{R}}_A^* \leqslant \mathcal{R}_{\text{retraining}}$。

关于迭代再训练方法需要注意的一个重要问题是，它关于对抗行为或学习算法不做任何假设。特别是，这个思想适用于多类分类和回归情形。当然，需要注意的是，该算法不需要总是收敛的，或者可能在大量迭代后收敛，有效地使定理 5.3 中的上界变得非常宽松。然而，许多研究经验（例如 Goodfellow 等人［2015］、Li 和 Vorobeychik［2018］）表明，这个简单的思想在实践中是非常有效的。

5.4　通过特征级保护的规避鲁棒性

另一种导致规避鲁棒性的方式是选择"受保护"特征的子集（例如，通过冗余或验证)，使得攻击者无法修改这些特征。这显然不是普遍有用的，但在许多情形中显著有用，例如当特征对应于传感器测量并且对抗攻击涉及对这些测量的修改(而不是实际行为)时。

在二元分类的情况下，我们可以将这个问题形式化如下：

$$\min_{f} \min_{r \in \{0,1\}^n : \|r\|_1 \leqslant B} \sum_{i \in \mathcal{D}_+} \max_{x \in S(x_i, r)} l(f(x), +1) + \sum_{i \in \mathcal{D}: y_i = -1} l(f(x_i), -1)$$

其中，可行的攻击集合 $S(x_i, r)$现在取决于“受保护”特征的选择 r。

考虑一个线性分类器，它存在关于对手的约束$\|z\|_\infty \leqslant C$，我们可以松弛这个问题，从而得到

$$\begin{aligned}\min_{w} \min_{r \in \{0,1\}^n : \|r\|_1 \leqslant B} \sum_{i \in \mathcal{D}_+} \max_{\|z\|_\infty \leqslant C} l(w^{\mathrm{T}}(x_i + z)) + \sum_{i \in \mathcal{D}: y_i = -1} l(-w^{\mathrm{T}} x_i) \\ \leqslant \min_{w, r} \sum_{i \in D} l(w^{\mathrm{T}} x_i) + |D_+| C \sum_{j} |w| r_j\end{aligned}$$

通过首先计算问题的最优 w，这里 $r_j = 0$(对于所有 j)，然后贪心地为$|w_j|$最大的 B 个特征选择 $r_j = 1$，我们可以获得这个问题的近似解。

5.5　决策随机化

使机器学习对决策时攻击具有鲁棒性的大多数技术都涉及修改训练过程以获得更加鲁棒的模型 $f \in \mathcal{F}$。通过 Stackelberg 博弈的视角来观察使学习对此类攻击更坚固的问题(正如我们以前所做的那样)指出另一个强大工具，即随机化，它被 Stackelberg 博弈模型广泛应用在物理安全领域[Tambe，2011]。在本节中，我们提出一种基于 Li 和 Vorobeychik [2015]方法的原则随机化方案，用于在面对规避攻击时进行监督的二元分类学习。

5.5.1　模型

如同表示对抗分类问题的传统 Stackelberg 博弈一样，防御者首先行动，选择将一
69 个实例标记为恶意的概率，然后攻击者(对应于数据中的恶意实例)选择最优的规避策略。我们用函数 $q(x)$表示防御者的决策，该函数表示在特征向量 x 上“行动”(例如，

将它标记为恶意)的概率。在本节的剩余部分，我们假设特征向量 x 是二元的。

我们现在描述的方法背后的关键思想是，将预测问题与基于预测的决策问题分开。对于前者，我们可以将传统的机器学习方法应用到训练数据 $\mathcal{D}$，以得到概率模型 $p(x)$。该模型的语义是，在给定恶意和良性行为的当前分布的情况下，x 是对抗"理想"特征向量的概率。换句话说，这代表了我们对攻击者偏好的信念，并且只是防御者的第一步。第二步是确定一个最优策略，确定哪些实例 x 被实际上标记为恶意，我们允许它是随机的。这一策略现在将考虑对抗规避。

更进一步，我们现在需要一个规避攻击模型。虽然在第 4 章讨论了许多候选，但这里没有一个是适用的，因为它们都假设了确定性的分类器 f。我们现在描述在防御者具有随机决策函数的情况下许多候选模型的自然适应。

具体来说，如果偏好 x 的攻击者(即对于它 $x=x^A$ 是理想的特征向量)选择了另一个攻击向量 x'，我们将成功绕过防御的相关效用建模为 $V(x)Q(x, x')$，其中 $Q(x, x')=\mathrm{e}^{-\delta\|x-x'\|}$，这里$\|\cdot\|$是某个范数(我们使用 Hamming 距离)，$V(x)$是攻击的值，$\delta$ 是与偏好 x 接近的重要性。当防御策略为 q 时，具有偏好 x 的攻击者选择另一个输入 x'的完整效用函数是

$$\mu(x,x';q) = V(x)Q(x,x')(1-q(x')) \tag{5-35}$$

这是因为 $1-q(\cdot)$是攻击者成功绕过防御行动的概率。然后攻击者求解以下优化问题：

$$v(x;q) = \max_{x'} \mu(x,x';q) \tag{5-36}$$

既然我们已经描述了攻击者的决策模型，那么可以转向防御者正在求解的问题。防御者的一个自然目标是最大化被分类为良性的良性流量的期望值，减少成功绕过操作者的攻击造成的期望损失。

正式地，我们将防御者的效用函数 $U_{\mathcal{D}}(q, p)$定义如下：

$$U_{\mathcal{D}}(q,p) = \mathbb{E}_x[(1-q(x))(1-p(x)) - p(x)v(x;q)] \tag{5-37}$$

为了解释防御者的效用函数，我们在 $V(x)=1$ 和 $\delta=\infty$(以便攻击者总是使用原始特征向量 x)的特殊情况下重写它，将效用函数降低到$\mathbb{E}_x[(1-q(x))(1-p(x))-p(x)(1-q(x))]$。

70 因为 $p(x)$ 是常量，所以这等价于最小化

$$\mathbb{E}_x[q(x)(1-p(x))+p(x)(1-q(x))]$$

这就是期望误分类错误(expected misclassification error)。

5.5.2 最优随机化的分类操作

给定一个 Stackelberg 博弈模型，它在防御者(装备了分类器)和攻击者(试图规避分类器)之间进行战略交互，我们现在可以描述一种求解它的算法。首先利用训练数据获取样本平均效用来对期望效用 U_D 进行近似，我们将结果表示为 $\widetilde{U}_D$。以 $\widetilde{U}_D$ 为目标，我们可以利用以下线性规划(Linear Programming，LP)来使其最大化：

$$\max_q \quad \widetilde{U}_D(q,p) \tag{5-38a}$$

$$\text{s.t.} \quad 0 \leqslant q(x) \leqslant 1 \qquad \forall x \in \mathcal{X} \tag{5-38b}$$

$$v(x;q) \geqslant \mu(x,x';q) \qquad \forall x,x' \in \mathcal{X} \tag{5-38c}$$

其中约束(5-38c)计算攻击者的最佳响应(q 的最优规避)，$\mathcal{X}$ 是完整的二元特征空间。

很明显，线性规划(5-38)不是一种实用的求解方法，原因有二：(a) $q(x)$ 必须定义在整个特征空间 $\mathcal{X}$ 上；(b)约束集合在 $|\mathcal{X}|$ 中是二次的。由于具有 n 个特征 $|\mathcal{X}|=2^n$，因此在起步阶段不采用该 LP。

解决可扩展性问题的第一步是，用一组标准化的基函数 $\{\phi_j(x)\}$ 来表示 $q(x)$，其中 $q(x)=\sum_j \alpha_j \phi_j(x)$ 。这允许我们聚焦于优化 α_j，如果基函数集很小，这将是一个潜在易处理的问题。通过这种表示，LP 现在采用以下形式：

$$\min_{\alpha \geqslant 0} \quad \sum_j \alpha_j \mathbb{E}[\phi_j(x)(1-p(x))] + \mathbb{E}[V(x)p(x)Q(x,\alpha)] \tag{5-39a}$$

$$\text{s.t.} \quad Q(x,\alpha) \geqslant \mathrm{e}^{-\delta\|x-x'\|}(1-\sum_j \alpha_j \phi_j(x')) \quad \forall x,x' \in X \tag{5-39b}$$

$$\sum_j \alpha_j \leqslant 1 \tag{5-39c}$$

虽然可以使用基表示 φ 来减少优化问题中的变量数目，但我们仍然保留了计算攻击者最佳响应的难以处理的大量不等式。为了解决这个问题，假设我们有一个神谕

(oracle)$\mathcal{A}(x; q)$，它可以为具有理想攻击 x 的攻击者计算对策略 q 的最佳响应 x'。有了这个神谕，我们可以使用约束生成方法迭代地计算(近似)最优的操作决策函数 q(见算法 5-3)。算法 5-3 的输入是训练数据中的特征矩阵 X，其中 X_{bad} 表示该特征矩阵仅 71
限于“坏”(恶意)实例。该算法的核心是 MASTER 线性规划，它使用修改后的 LP(5-39)计算攻击者的(近似)最佳响应，但仅使用所有特征向量的一小部分作为替代攻击，我们用 $\bar{\mathcal{X}}$ 表示。算法开始时，$\bar{\mathcal{X}}$ 被初始化为只包含训练数据 X 中的特征向量。第一步是计算最优解 q，其中对抗规避被限定到 X。然后迭代地，我们计算攻击者对当前解 q 的最佳响应 x'，针对每个恶意实例 $x \in X_{\text{bad}}$，将其添加到 $\bar{\mathcal{X}}$，重新运行 MASTER 线性规划来重新计算 q，然后重复。当我们无法生成任何新的约束时(即可用的约束已经包括针对训练数据中的所有恶意实例的攻击者的最佳响应)，迭代过程终止。

算法 5-3 OptimalRandomizedClassification(X)

ϕ =ConstructBasis()
$\bar{\mathcal{X}} \leftarrow X$
$q \leftarrow$ MASTER($\bar{\mathcal{X}}$)
while true **do**
  for $x \in X_{\text{bad}}$ **do**
    $x' = \mathcal{A}(x; q)$
    $\bar{\mathcal{X}} \leftarrow \bar{\mathcal{X}} \cup x'$
  end for
  if 所有 $x' \in \bar{\mathcal{X}}$ **then**
    return q
  end if
  $q \leftarrow$ MASTER($\bar{\mathcal{X}}$)
end while

迄今为止，所描述的方法原则上解决了可扩展性问题，但是仍有两个关键问题未得到解决：(1)如何构造基 ϕ，这是一个对高质量近似至关重要的问题(算法 5-3 中的 ConstructBasis()函数)；(2)如何计算攻击者对 q 的最佳响应，上面用神谕 $A(x; q)$ 表示。我们接下来讨论这些问题。

基构造(Basis Construction) 基表示的主要思想依赖于布尔函数的谐波(傅里叶)分析[Kahn 等，1988；O'Donnell，2008]。特别是，已知每个布尔函数 $f: \{0, 1\}^n \rightarrow \mathbb{R}$ 可以唯一地表示为 $f(x) = \sum_{S \in B_S} \hat{f}_S X_S(x)$，其中 $X_S(x) = (-1)^{S^{\mathrm{T}} x}$ 是在给定基 $S \in \{0, 1\}^n$ 上的奇偶函数，B_S 是包含所有基 S 的集合，对应的傅里叶系数可以计算为 $\hat{f}_S = \mathbb{E}_x[f(x) X_S(x)]$[De Wolf，2008；O'Donnell，2008]。目标是利用傅里叶基来近

似 $q(x)$。核心任务是计算随后用于优化 $q(x)$ 的一组基函数。Li 和 Vorobeychik [2015]提出的第一步是均匀、随机地选择 K 个特征向量 x_k，使用传统的学习算法获得
72 这些特征向量上的 $p(x)$ 向量，并求解线性规划(5-38)来计算限制到这些特征向量的 $q(x)$。此时，对于任意基 S，可以使用相同的特征向量集将该 $q(x)$ 的傅里叶系数近似为 $t=\frac{1}{m}\sum_{i=1}^{m}q(x^i)X_S(x^i)$。我们可以利用该表达式来计算基的集合 S，它具有最大和最小(绝对值最大)的傅里叶系数。利用下列整数线性规划(将 max 替换为 min 以获得最小系数)：

$$\max_{S} \quad \frac{1}{K}\sum_{k=1}^{K}q(x^k)r_S^k \tag{5-40a}$$

$$\text{s.t.} \quad S^{T}x^k = 2y^k + h^k \tag{5-40b}$$

$$r_S^k = 1 - 2h^k \tag{5-40c}$$

$$y^k \in Z, h^k \in \{0,1\}, S \in \{0,1\}^n \tag{5-40d}$$

最终的基生成算法迭代地求解最大和最小系数的整数线性规划(5-40)，每次添加一个约束，排除先前生成的基，直到最优解的绝对值足够小。

计算对手的最佳响应　上面描述的约束生成算法假定存在神谕 $\mathcal{A}(x;q)$，它为偏好使用特征向量 x 的攻击者计算(或近似)q 的最优规避(我们称之为对 q 的最佳响应)。注意，由于在攻击者的规避问题中 $V(x)$ 是固定的(因为 x 是固定的)，因此可以忽略它。

Li 和 Vorobeychik [2015]指出，对抗规避问题是强 NP 难问题，但他们提出了一种有效的贪心启发式求解方法。这种贪心启发式方法从 x 开始，迭代地一次翻转一个特征，每次翻转一个特征使 $q(x)$ 的降幅最大。

5.6 规避鲁棒的回归

在本章的结尾，我们讨论一种规避鲁棒的回归方法，基于第 4 章中讨论的 Grosshans 等人[2013]对回归的决策时攻击。具体来说，第 4 章(4.3.5 节)指出，对具有参数向量 w 的线性回归的最优攻击是

$$\overline{X}^*(w) = X - (\lambda + \|w\|_2^2)^{-1}(Xw - z)w^{\mathrm{T}}$$

如果我们考虑学习器的 Stackelberg 均衡策略，则可以将其嵌入到防御者的对抗经验风险最小化问题中，如下所示：

$$\min_w (\overline{X}^*(w)w - y)^{\mathrm{T}}(\overline{X}^*(w)w - y) + \gamma \|w\|_2^2$$ 73

这里，我们假设学习器同时使用 l_2 损失和 l_2 正则化。该问题不必是凸的，但需要是平滑的，可以用非线性规划求解器近似求解。

5.7 参考文献注释

与规避攻击建模一样，Dalvi 等人[2004]提出了将规避攻击和防御建模为博弈的第一个重要进展，并提供了一种使二元分类对规避更加鲁棒的方法。和许多其他规避鲁棒学习的例子一样，他们的评价集中在垃圾邮件过滤。他们的博弈模型和解决方法与我们使用的 Stackelberg 博弈模型截然不同。特别是，他们的方法首先计算对传统学习模型(标准的朴素贝叶斯分类器)的最优攻击，然后计算针对这种规避攻击的最优防御。因此，该方法类似于博弈中异步最佳响应动力学[Fudenberg and Levine，1998]的前两次迭代，而不是计算 Stackelberg 均衡或者纳什均衡。

Teo 等人[2007]在决策时攻击的背景下，提出了似乎是第一种用于鲁棒多类 SVM 的通用方法。他们将鲁棒性建模为确保对一组可能操作的预测不变性(本质上，将问题转化为鲁棒优化)，并扩展优化问题，在此情况下计算最优支持向量机结构的分类器。如果可能操作的空间很大，则产生的二次规划可能很大，但原则上可以使用列生成技术来求解。我们的讨论将他们的方法降低到二元分类这一特殊情形(从而极大简化)。我们还重构了 Teo 等人[2007]的方法，在基于零和(最坏情况损失)松弛的最优分类器坚固问题上的上限近似。这与直接关注最坏情况损失的原始论文不同。

Brückner 和 Scheffer [2012]在最初研究对抗分类时，将问题建模为防御者(学习器)和攻击者之间的静态博弈，而不是构成我们所有讨论的 Stackelberg 博弈。但是，在另一项工作中，Brückner 和 Scheffer [2011]考虑了 Stackelberg 博弈模型：这是我们在本章中实际描述的方法。

在先前的文献中，对抗再训练思想已经以不同的身份出现了很多次。Li 和 Vorobeychik [2018]系统地描述和分析了其迭代版本，Kantchelian 等人[2016]、Grosse 等人[2017]、Teo 等人[2007]也对其进行了讨论。

我们对自由范围攻击和受限攻击的讨论遵循 Zhou 等人[2012]，他们还介绍了我们在第 4 章中描述的相关规避攻击模型。Li 和 Vorobeychik [2014，2018]介绍了第 4 章讨论的特征交叉替换攻击，以及在 l_1 正则化 SVM 的背景下最小化对抗经验风险的
74 混合整数线性规划方法。Kantarcioglu 等人[2011]讨论了如何将 Stackelberg 博弈框架应用于特征子集选择(即如何选择在提供良好分类精度的同时抵御对抗攻击的特征子集)。Zhou 和 Kantarcioglu [2016]讨论了集成分类器学习，它能够抵御具有不同规避能力的多个对手的攻击。在这项工作中，使用 Stackelberg 博弈框架将最优抵御不同类型攻击者的不同分类器组合在一起。

Xu 等人[2009b]首先提出鲁棒学习(在我们描述的极小极大意义上)之间的联系，Russu 等[2016]和 Demontis 等[2017a]随后提出了相关方法。后者使用这一联系开发了一款鲁棒的安卓恶意软件检测器。

通过保护特定的观测特征，学习对决策时攻击更坚固，这是 Alfeld 等人[2017]所提方法的一种特殊情形。他们考虑限制观测特征向量操作空间的一般防御行动。

我们在对抗学习中关于决策随机化的讨论紧跟 Li 和 Vorobeychik [2015]的方法，他们反过来受到 Stackelberg 安全模型中关于随机化的大量文献的启发[Tambe，2011]。

最后，使线性回归对决策时攻击更坚固的描述是由 Grosshans 等人[2013]提出的。他们考虑了更通用的问题，即学习器对攻击者模型的代价参数不确定，这代表不同数
75~76 据点对攻击者的相对重要性。我们忽略了对更复杂的贝叶斯框架的讨论，以显著简化对他们方法的陈述。

第 6 章

Adversarial Machine Learning

数据投毒攻击

前面研究了一大类攻击方法，我们称其为决策时攻击，或者对机器学习模型的攻击。这类攻击的一个关键特点在于它们在模型学习完成后，当已学习的模型正在运行时展开攻击。我们现在研究另一大类攻击方法，它们通过直接干预训练数据来攻击学习算法。

考虑不同类型的投毒攻击方法是有用的。我们现在定义四种在对手能力(具体来说，是指对手修改训练数据的能力)和攻击时机上截然不同的攻击。特别地，投毒攻击模型不仅可以对修改量和修改惩罚施加约束，还能限制修改的数据类型(例如，同时修改特征向量和标签、只修改特征向量或者只修改标签)以及修改形式(例如，只插入或者任意修改)。

- **标签修改攻击**　这类攻击允许对手只修改监督学习数据集的标签，但是对于任意的数据点，这类攻击一般需要满足总体修改代价的约束(例如，可以改变的标签数量的上界)。这种攻击的常见形式被称为*标签翻转攻击*，用于攻击二元分类器。
- **中毒数据插入攻击**　这种情况下，攻击者可以加入限定数量的任意中毒特征向量，带有它们可控或不可控(取决于具体的威胁模型)的标签。当然，在无监督学习情况下，不存在标签，对手可能只污染特征向量。
- **数据修改攻击**　在这种攻击中，攻击者可以修改训练数据集的任意子集的特征向量和(或)标签。
- **煮青蛙攻击**　在这种攻击中，假设防御者迭代地再训练一个模型。通过每次注入少量的有毒数据，再训练为攻击者提供了暗中误导模型的机会。虽然在每一次再训练迭代中有毒数据只会造成极小的影响，但是这种攻击的影响是随着时间递增的，最终会非常显著。煮青蛙攻击可以应用于有监督和无监督环境，尽管它们通常是在无监督学习问题的背景下进行研究的。

在本章中，我们首先讨论对二元分类器的投毒攻击，解释说明以上两类攻击：标
77 签翻转攻击和中毒数据插入攻击。这两者都专用于支持向量机。接下来，我们描述了对三种无监督方法(聚类、PCA 和矩阵填充)的投毒攻击。本章的倒数第二节将数据投毒攻击和机器教学联系起来，为此类攻击描述一种非常通用的框架。在本章最后，我们讨论黑盒投毒攻击。

6.1 建模投毒攻击

投毒攻击一般从一个干净的训练数据集开始，我们将这个数据集表示为 $\mathcal{D}_0$，并将它转化为另一个数据集 $\mathcal{D}$。然后，学习算法在 $\mathcal{D}$ 上进行训练。和决策时攻击一样，攻击者可能有两类目的：针对性攻击和可靠性攻击。在针对性攻击中，攻击者希望诱导目标实例集 S 中特征向量集合的目标标签或决策。在可靠性攻击中，攻击者希望最大化预测或决策误差。

和决策时攻击相似，攻击者在向数据集投毒时需要折中两个问题：达到恶意目标和最小化修改代价。我们将前一项表示为攻击者的一般风险函数 $R_A(\mathcal{D}, S)$，这个函数通常随学习参数 w 变化。w 是在中毒训练数据 $\mathcal{D}$ 上训练模型得到的参数。同时，从上下文中可以清楚地看出，风险函数对 S 的依赖通常会被忽略。代价函数表示为 $c(\mathcal{D}_0, \mathcal{D})$。

攻击者的优化问题一般表示为以下两种形式的任意一种：

$$\min_{\mathcal{D}} R_A(\mathcal{D},S)+\lambda c(\mathcal{D}_0,\mathcal{D}) \tag{6-1}$$

或者针对一些外部指定的修改代价预算 C，

$$\begin{aligned} &\min_{\mathcal{D}} R_A(\mathcal{D},S) \\ &\text{s. t.}\quad c(\mathcal{D}_0,\mathcal{D})\leqslant C \end{aligned} \tag{6-2}$$

有时处理攻击者的效用(求最大值)比处理风险函数(求最小值)更加方便。因此，我们定义攻击者的效用为 $U_A(\mathcal{D}, S)=-R_A(\mathcal{D}, S)$。

一个简单的数据投毒示例如图 6-1 所示。三个蓝色的圆代表干净的数据，使用这些数据可以学习真实模型(下方的黑线)。攻击者可以通过加入一个新的数据

点——红色的圆，向该数据集投毒，从而得到一个与真实模型差别很大的中毒模型（红线）。

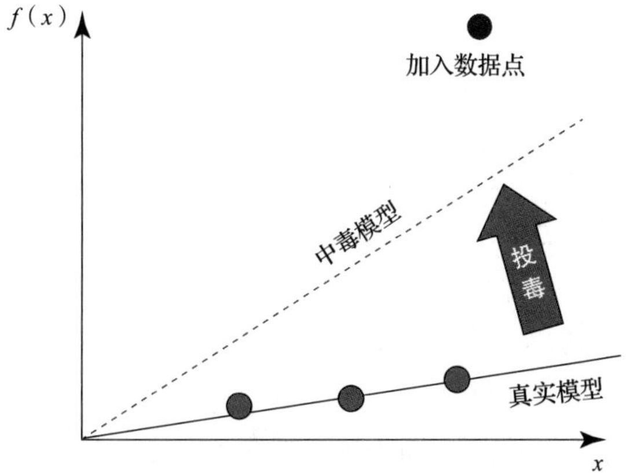

图 6-1 中毒的线性回归模型示例(见彩插)

6.2 对二元分类的投毒攻击

一些最成熟的投毒攻击文献关注于二元分类问题。虽然这些文献还提供了其他投毒攻击的许多基础，但二元分类情形仍是一个自然的起点。 78

6.2.1 标签翻转攻击

一种最基本的数据投毒攻击方法是改变训练数据中一个数据点子集的标签。在这种攻击中，攻击者的目的通常是最大化模型在干净训练数据(即未经修改的数据)上的误差。在我们的术语中，这是一种可靠性攻击。标签翻转攻击背后的一个共同动机是，用于安全问题的数据集可能需要外部标记(例如，可以使用众包获取钓鱼电子邮件数据的标签)。因此攻击只能污染收集的标签，而不能污染特征向量。

令 $\mathcal{D}_0=\{(x_i, y_i)\}$为原始的“干净”训练数据集。假设攻击者有标签翻转预算 C，将数据点 i 的标签翻转的代价是 c_i。令 $z_i=1$ 表示将数据点 i 的标签翻转的决策，$z_i=0$ 表示不翻转标签的决策。那么，攻击者的修改代价预算为

$$c(\mathcal{D}_0,\mathcal{D})=c(z)=\sum_i z_i c_i \leqslant C \tag{6-3}$$

令 $\mathcal{D}=\mathcal{D}(z)$ 为经过 z 选择的子集标签翻转后的训练数据集。在文献中经常考虑的标签翻转攻击的最基本的变体中，目标数据集就是未经恶意修改的原始数据集，即 $S=\mathcal{D}_0$。
79 忽略可以直接通过拓展以下公式实现的正则化，则攻击者的优化问题为

$$\begin{aligned}&\max_z U_A(\mathcal{D}(z)) \equiv \sum_{i\in\mathcal{D}} l(y_i f(x_i;\mathcal{D}(z)))\\&\text{s.t.}\\&f(\mathcal{D}(z)) \in \arg\max_{f'} \sum_{(x_i,y_i)\in\mathcal{D}(z)} l(y_i f(x_i)')\\&\sum_i c_i z_i \leqslant C \quad z_i \in \{0,1\}\end{aligned} \tag{6-4}$$

按照 Xiao 等人[2012]的方法，我们将这一双重约束问题近似重写为单约束优化问题。从更高层面讲，攻击者的目的是诱导从干净数据中学习到的分类器有较大的损失，尽管该分类器在中毒数据上表现良好。这可以表示为

$$\begin{aligned}&\min_z \sum_{(x_i,y_i)\in\mathcal{D}(z)} l(y_i f(x_i;\mathcal{D}(z))) - l(y_i f(x_i;\mathcal{D}_0))\\&\text{s.t.}\quad \sum_i c_i z_i \leqslant C \quad z_i \in \{0,1\}\end{aligned} \tag{6-5}$$

接下来，我们可以将该数学规划问题等同于以下问题。考虑一个新的数据集 $\mathcal{D}'$，其中每个数据点 x_i 是复制得到的，对应的 y_i 被翻转，使得对所有 i 有 $y_{i+n}=-y_i$。$\mathcal{D}'$有 $2n$ 个数据点。令 $q_i\in\{0,1\}$表示哪个数据点被选上，从而对所有 i，q_i 和 q_{i+n}中只有一个等于 1。因此优化问题可以重写为

$$\begin{aligned}&\min_q \sum_{(x_i,y_i)\in\mathcal{D}'} q_i[l(y_i f(x_i;\mathcal{D}')) - l(y_i f(x_i;\mathcal{D}_0))]\\&\text{s.t.}\\&q_i + q_{i+n} = 1 \quad \forall i = 1,\cdots,n\\&\sum_{i=n+1}^{2n} c_i q_i \leqslant C \quad q_i \in \{0,1\}\end{aligned} \tag{6-6}$$

为了说明问题，我们专门研究对线性支持向量机的标签翻转攻击。首先，观察发现，
80 $f(x_i;\mathcal{D}_0)$和 $\mathcal{D}'$中每个数据点的相关损失可以提前计算。令 η_i 为数据点$(x_i, y_i)\in\mathcal{D}'$对

应的(固定)损失。那么该问题变成

$$
\begin{aligned}
&\min_{q,w,\varepsilon} \sum_{(x_i,y_i)\in\mathcal{D}'} q_i[\varepsilon_i - \eta_i] + \gamma \|w\|_2^2 \\
&\text{s.t.} \\
&\varepsilon_i \geqslant 1 - y_i w^{\mathrm{T}} x_i \quad \varepsilon_i \geqslant 0 \\
&q_i + q_{i+n} = 1 \quad \forall i = 1,\cdots,n \\
&\sum_{i=n+1}^{2n} c_i q_i \leqslant C \quad q_i \in \{0,1\}
\end{aligned} \tag{6-7}
$$

这是一个整数二次规划问题。一种近似优化这一问题的方法是交替最小化，我们在每次迭代中交替优化两个子问题。

1. 固定 q 并对 w 和 ε 求最小化。这变成了一个线性 SVM 的标准二次规划问题。
2. 固定 w 和 ε，对 q 求最小化，这是一个整数线性规划问题。

6.2.2 对核 SVM 的中毒数据插入攻击

虽然标签翻转攻击是研究向机器学习模型投毒的出发点，但是还有一类重要的投毒攻击方法。对应着选择的特征向量，对手可以插入一定数量的数据点，但不能控制分配给这些数据点的标签。例如，考虑一个垃圾邮件制造者，他可以选择发送的垃圾邮件的性质，同时认识到这些垃圾邮件将来可能被用于训练自动检测垃圾邮件的分类器。为了简化讨论，假设对手只向训练数据集插入一个数据点；我们可以将接下来描述的方法泛化到对手每次插入多个数据点的情况。

考虑一个原始(未被修改的)训练数据集 $\mathcal{D}_0$，向 $\mathcal{D}_0$ 加入一个实例(x_c，y_c)，其中对手可选择特征向量 x_c 但不能选择标签 y_c，由此生成了一个新的数据集 $\mathcal{D}$。和以前一样，对手希望最大化学习器在目标数据集 S 上的风险。为了简化讨论，假设 $S=(x_T,y_T)$，也就是说，对手只希望导致这一目标数据点的误差。现在训练数据集变成了 $\mathcal{D}(x_c)=\mathcal{D}_0\cup(x_c, y_c)$。此外，通过只允许攻击者添加一个特征向量(给定标签)到已有数据，我们有效地限制了插入单个数据点的预算；因此，这里就没有必要进一步讨论修改代价了。

令 $f_{x_c}(x)$为在 $\mathcal{D}(x_c)$上学习到的函数。对手的优化问题可以表示为

81

$$\max_{x_c} U_A(x_c) \equiv l(y_T f_{x_c}(x_T)) \tag{6-8}$$

如上所示，我们现在对从任意核函数的支持向量机中得到的这种攻击进行说明。首先，我们引入一些新的表示符号。对训练数据中的一个数据点(x_i, y_i)，对核函数$K(\cdot, \cdot)$定义$Q_i(x, y)=y_i y K(x_i, x)$。特别地，对$(x_T, y_T)$，这变成了$Q_{iT}=y_i y_T K(x_i, x_T)$。正如 Cauwenberghs 和 Poggio [2001]所述，SVM 的损失函数可表示为$l(y_T f_{x_c}(x_T))=\max\{0, 1-y_T f_{x_c}(x_T)\}=\max\{0, -g_T\}$，其中

$$g_T = \sum_{i\in\mathcal{D}_0} Q_{iT} z_i(x_c) + Q_{cT}(x_c) z_c(x_c) + y_T b(x_c) - 1 \tag{6-9}$$

式中z_i和b是核 SVM 的对偶解(b也是偏置或截距项)。那么

$$f_{x_c}(x) = \sum_i z_i(x_c) y_i K(x_i, x) + b(x_c) \tag{6-10}$$

Biggio 等人[2012]使用梯度上升解决了这一问题，其中梯度是基于最优的 SVM 解的特征得到的。

梯度上升方法的第一个挑战是铰链损失不是处处可导，只要防御者正确分类(x_T, y_T)铰链损失便为常数，且在 SVM 分类边界外。为了解决这一问题，我们用下限$-g_T$代替原来的优化问题，其中我们省略了常数项，并且用x代替x_c以简化符号：

$$\min_x g_T(x) \equiv \sum_{i\in\mathcal{D}_0} Q_{iT} z_i(x) + Q_{cT}(x) z_c(x) + y_T b(x) \tag{6-11}$$

对应的梯度下降(因为现在我们要进行最小化)包含了迭代更新步骤，在第$t+1$次迭代中我们如下更新x：

$$x^{t+1} = x^t - \beta_t \nabla g_T(x^t) \tag{6-12}$$

其中β_t是学习率。那么g_T关于给定分量k的x的梯度为

$$\frac{\partial g_T}{\partial x_k} = \sum_{i\in\mathcal{D}_0} Q_{iT}\frac{\partial z_i}{\partial x_k} + z_c\frac{\partial Q_{cT}}{\partial x_k} + Q_{cT}\frac{\partial z_c}{\partial x_k} + y_T\frac{\partial b}{\partial x_k} \tag{6-13}$$

为了更进一步，我们再次呼吁 SVM 的特殊结构。特别是，在 SVM 的最优解和相关的 KKT 条件下，训练数据点集可被分为三个子集：R($z_i=0$的保留点)，S($0<z_i<$

C 的支持向量，其中 C 是关于正则项损失的权值)和 E(错误向量，$z_i=C$)。对训练数据中每一个数据点 i，令 82

$$g_i = \sum_{j\in\mathcal{D}_0} Q_{ij} z_j + y_i b - 1 \tag{6-14}$$

SVM 的 KKT 条件中，对所有 $i\in R$，有 $g_i>0$；对 $i\in S$，有 $g_i=0$；对 $i\in R$，有 $g_i<0$。此外，

$$h = \sum_{j\in\mathcal{D}_0} y_j z_j = 0 \tag{6-15}$$

现在，如果我们确保集合 R，S 和 E 保持不变，则可以通过改变 x 来保持解的最优性。如果是这样，那么对任意 $i\in R\cup E$，有 $\frac{\partial z_i}{\partial x_k}=0$，这是因为 z_i 必须一直是常量。因此，对任意 $i\in S$，

$$\frac{\partial g_i}{\partial x_k} = \sum_{j\in S} Q_{ij} \frac{\partial z_j}{\partial x_k} + \frac{\partial Q_{ic}}{\partial x_k} z_c + y_i \frac{\partial b}{\partial x_k} = 0 \tag{6-16}$$

且

$$\frac{\partial h}{\partial x_k} = \sum_{j\in\mathcal{D}_0} y_j \frac{\partial z_j}{\partial x_k} \tag{6-17}$$

转化为矩阵-向量表示，对所有 $j\in S$，令 $\frac{\partial z_S}{\partial x_k}$ 为 $z_j(x)$ 关于 x_k 的偏导数向量；对 i，$j\in S$，令 Q_S 为 Q_{ij} 的矩阵；对 $i\in S$，令 y_S 为 y_i 的向量。最后，对 $i\in S$，令 Q_{Sc} 为 Q_{ic} 的向量。那么我们将这些条件写为

$$Q_S \frac{\partial z_S}{\partial x_k} + \frac{\partial Q_{Sc}}{\partial x_k} z_c + y_s \frac{\partial b}{\partial x_k} = 0 \tag{6-18}$$

和

$$y_S^{\mathrm{T}} \frac{\partial z_S}{\partial x_k} = 0 \tag{6-19}$$

并且可以如下解出 $\frac{\partial b}{\partial x_k}$ 和 $\frac{\partial z_S}{\partial x_k}$：

$$\begin{bmatrix}\frac{\partial b}{\partial x_k}\\ \frac{\partial z_S}{\partial x_k}\end{bmatrix}=-z_c\begin{bmatrix}0 & y_S^{\mathrm{T}}\\ y_S & Q_S\end{bmatrix}^{-1}\begin{bmatrix}0\\ \frac{\partial Q_{Sc}}{\partial x_k}\end{bmatrix} \tag{6-20}$$

为了完成梯度计算，我们需要$\frac{\partial Q_{ic}}{\partial x_k}$和$\frac{\partial Q_{Tc}}{\partial x_k}$，这相当于求核函数的导数。完整的算法通过迭代以下两步进行。

1. 用 $\mathcal{D}_0\cup x_t$(第 t 步得到的中毒特征向量值 x)学习 SVM(可能递增)。
2. 83 使用上面得到的梯度更新 $x^{t+1}=x^t-\beta_t\nabla g_T(x^t)$。

6.3 对无监督学习的投毒攻击

不同于监督学习，无监督情况包含一个只由特征向量 $\mathcal{D}=\{x_i\}$构成的数据集。和以前一样，我们令原始的“干净”数据集为 $\mathcal{D}_0$，经过变换的数据集为 $\mathcal{D}$(可能包括新的数据点)。

对三种对抗性无监督学习问题(聚类(例如用于聚集恶意软件)、异常检测和矩阵填充)的投毒攻击受到了特别关注。在这一节中我们讨论前两个问题，并在接下来的一节中深入讨论对矩阵填充的攻击。

6.3.1 对聚类的投毒攻击

聚类算法一般可表示为映射 $f(\mathcal{D})$，它以数据集 $\mathcal{D}$ 作为输入，并返回聚类分配结果。对于很多聚类算法，我们可以用矩阵$\boldsymbol{Y}$表示聚类分配结果，其中矩阵的元素 y_{ik} 是数据点 i 被分配到聚类 k 的概率。在大多数常见的聚类算法中，y_{ik} 是二元的，指明数据点的聚类分配情况。我们令 $\boldsymbol{Y}_0$ 为干净数据集 $\mathcal{D}_0$ 的聚类分配情况。对于中毒数据集 $\mathcal{D}$，令 $\boldsymbol{Y}=f(\mathcal{D})$为其聚类分配结果。为了简化，假设攻击者只修改 $\mathcal{D}_0$。

和监督学习中一样，我们考虑攻击者的两种目的：针对性攻击和可靠性攻击。在针对性攻击中，攻击者有一个目标聚类 $\boldsymbol{Y}_T$，他们希望聚类结果能尽可能接近这一目标。一个特例是，将特定的目标数据点错分而未改变其他数据的聚类分配结果的秘密攻击。在可靠性攻击中，攻击者期望在原始数据上最大限度地扭曲聚类分配结果。

为了设计一种有意义的评估攻击者或学习器成功率的指标，我们需要解释为什么每一个聚类的身份是完全任意的。事实上，同属一个聚类的特征向量的联合分配情况是非任意的。我们用 $\boldsymbol{O}_0=\boldsymbol{Y}_0\boldsymbol{Y}_0^{\mathrm{T}}$ 而不是 $\boldsymbol{Y}_0$ 表示评估结果。因此，如果 i 和 j 都属于同一聚类 k，即 $y_{0ik}=y_{0jk}=1$，那么$[\boldsymbol{O}_0]_{ij}=1$。同样，我们定义 $\boldsymbol{O}=\boldsymbol{Y}\boldsymbol{Y}^{\mathrm{T}}$ 作为投毒攻击后的聚类结果(数据被成对地分配到同一聚类)，$\boldsymbol{O}_T=\boldsymbol{Y}_T\boldsymbol{Y}_T^{\mathrm{T}}$ 表示针对性攻击的目标结果。

我们用以原始和被诱导的分配情况作为参数的攻击者的风险函数 $R_A(\boldsymbol{O}_0, \boldsymbol{O})$建模任一种攻击。对于针对性攻击，风险函数一般是被诱导的聚类结果和目标结果的距离：

$$R_A(\boldsymbol{O}_0,\boldsymbol{O}) = \|\boldsymbol{O}-\boldsymbol{O}_T\|_F \tag{6-21}$$ 84

其中$\|\cdot\|_F$ 是 Frobenius 范数。同样，对于可靠性攻击，风险函数是正确和被诱导的结果间的相似度(负距离)：

$$R_A(\boldsymbol{O}_0,\boldsymbol{O}) =- \|\boldsymbol{O}-\boldsymbol{O}_T\|_F \tag{6-22}$$

虽然攻击者的目的是改变聚类结果，但是他们仍面临代价和(或)与攻击有关的约束。我们使用以下代价函数描述修改训练数据的代价：

$$c(\mathcal{D}_0,\mathcal{D}) = c(\boldsymbol{X}_0,\boldsymbol{X}) = \|\boldsymbol{X}_0-\boldsymbol{X}\|_F \tag{6-23}$$

其中 $\boldsymbol{X}_0$ 和 $\boldsymbol{X}$ 是原始和中毒的特征矩阵。这产生了两种可选的聚类攻击。第一种最小化损失和代价的加权和：

$$\min_{\boldsymbol{X}} R_A(\boldsymbol{O}_0,\boldsymbol{O}(X)) + \lambda c(\boldsymbol{X}_0,\boldsymbol{X}) \tag{6-24}$$

其中我们明确指出了投毒后的聚类结果对中毒数据集 $\boldsymbol{X}$ 的依赖关系。第二种最小化对手的风险，约束代价如下：

$$\begin{aligned}&\min_{\boldsymbol{X}} R_A(\boldsymbol{O}_0,\boldsymbol{O}(\mathcal{X}))\\ &\text{s.t.}\quad c(\boldsymbol{X}_0,\boldsymbol{X}) \leqslant C\end{aligned} \tag{6-25}$$

因为聚类本身是高度非平凡的优化问题，所以对聚类的投毒攻击在计算方面很有挑战。即使如此，在过往的研究中也对一些重要的聚类投毒攻击特例提出了有效的启发式方法。首先是可靠性攻击，在凝聚聚类中[Biggio 等，2014a,b]，我们期望通过给数据集加入一批数据点 C，最大限度地扭曲原始聚类分配结果。方法是一次加入一个数据点，连接一对邻近聚类。对 k 个聚类我们定义 $k-1$ 个从每一个聚类到它的邻近聚类的连接。我们将分属于不同聚类的任意两点间最短的连接定义为最短距离。在其间加入数据点很可能融合这两个聚类。因此，通过反复地加入数据点，我们可以大大扭曲原始聚类分配结果。

第二个特例是针对性攻击，我们期望诱导一批特定的数据点错误聚类，但不影响其他数据点的聚类分配结果[Biggio 等，2014b]。假设 x_i 是攻击者想要移动到另一个聚类的特征向量，令 d 为目标聚类中最接近 x_i 的点。如果我们的代价预算约束是在 l_2 范数下没有数据点的修改大于 C，则可以将 x_i 转化为 $x_i+\gamma(d-x_i)$，其中 $\gamma=$
85 $\min\left(1, \frac{C}{\|d-x_i\|_2}\right)$。

6.3.2 对异常检测的投毒攻击

对在线质心异常检测的攻击　我们讨论的第一个攻击是针对质心异常检测的，其中均值在线计算[Kloft and Laskov，2012]。这种攻击属于我们在这一章开始时提到的*煮青蛙攻击*。文中假设随着新数据的收集，异常检测器定期再训练，并且对手在两次再训练迭代之间加入数据点。

这种攻击中，攻击者有一个他们期望在将来使用的目标特征向量 x_T，并想要确保这一特征向量将来被错分类为正常。用公式表达，目标是在某些学习迭代 t 中 $\|x_T-\mu_t\|\geqslant r$，其中 μ_t 是质心均值，r 是质心异常检测器的阈值(详见 2.2.4 节)。就我们的术语来说，这是一种*针对性攻击*，攻击者的目标被表示为目标质心均值 μ_T，满足 $\|x_T-\mu_T\|=r$。

Kloft 和 Laskov [2012]为逐渐中毒的在线质心检测器提出了一种*贪婪-优化*的策略。在这一策略下，在每一次攻击者可以向训练数据插入攻击实例的迭代中，他们沿着连接当前质心 μ_t 和攻击目标特征向量 x_T 的直线且正好位于正常区域的边界插入实例。假设对手在第 t 次迭代中可以插入有毒数据，并定义 $a=\frac{x_T-\mu_t}{\|x_T-\mu_t\|}$为从均值 μ_t 到 x_T 的单位方向。那么在这次迭代中的贪婪-优化攻击就是 $x'=\mu_t+ra$，它最大限度地向攻击目标方向转移质心，同时保持该有毒数据在正常区域，确保它没有被目前的异常检测器遗弃。

PCA　接下来，我们描述一种对基于 PCA 的异常检测器的攻击示例[Rubinstein

等，2009](详见第 2 章 2.2.4 节)。这种情况下，攻击者旨在执行拒绝服务(Denial-of-Service，DoS)攻击，这意味着加入了看似异常的通信量。在我们的表示中，这对应着向原始通信量中加入了 δz 数量的通信，其中 δ 是攻击者的强度，z 是特征级的影响。如果我们假设攻击者知道对应的未来背景通信量 x，那么攻击者需要将这一通信量 x 扰动为 $x'=x+\delta z$ 以成功执行拒绝服务攻击。攻击者的目的是在这一未来拒绝服务攻击中最大化 δ，通过偏移或伸缩异常检测器使得未来的攻击看起来正常。

在投毒攻击中，假设攻击者可以通过向原始数据集 $\boldsymbol{X}_0$ 加入矩阵 $\widetilde{\boldsymbol{X}}\in\mathbb{X}$ 修改原始数据的内容，约束为 $\|\widetilde{\boldsymbol{X}}\|_1\leqslant C$，其中 C 是攻击者的预算约束，$\mathbb{X}$ 是可行的修改集合。令 r 为异常检测器的阈值。那么我们将攻击者的优化问题表示为 86

$$\begin{aligned}\max_{\delta,\widetilde{\boldsymbol{X}}\in\mathbb{X}}\quad & \delta \\ \text{s.t.}\quad & \boldsymbol{V}=\mathrm{PCA}(\boldsymbol{X}+\widetilde{\boldsymbol{X}}) \\ & \|(\mathbb{I}-\boldsymbol{V}\boldsymbol{V}^{\mathrm{T}})(x+\delta z)\|\leqslant r \\ & \|\widetilde{\boldsymbol{X}}\|_1\leqslant C\end{aligned}\tag{6-26}$$

虽然这个问题很难解决，但是我们可以将目标函数近似为最大化攻击的投影方向的幅度 $\|(\boldsymbol{X}_0+\widetilde{\boldsymbol{X}})_z\|_2^2$，得到

$$\begin{aligned}\max_{\widetilde{\boldsymbol{X}}\in\mathbb{X}}\quad & \|(\boldsymbol{X}_0+\widetilde{\boldsymbol{X}})_z\|_2^2 \\ \text{s.t.}\quad & \|\widetilde{\boldsymbol{X}}\|_1\leqslant C\end{aligned}\tag{6-27}$$

那么这个问题就可以使用投影梯度上升解决(也被称为投影寻踪)。

6.4 对矩阵填充的投毒攻击

6.4.1 攻击模型

我们在这一节讨论基于 Li 等人[2016]的投毒矩阵填充算法的框架。回顾第 2 章中的矩阵填充问题，我们有一个 $n\times m$ 的矩阵 $\boldsymbol{M}$，其中行对应 n 个用户，列对应 m 件物品[⊖](用户对每件物品都有自己的观点)。然而，我们只观察 $\boldsymbol{M}$ 中的一小部分元素(对

⊖ 这里的物品与第 2 章中的电影对应。——编辑注

应于实际评级），目标是推断剩下的元素——填充矩阵。

在我们现在讨论的攻击模型中，攻击者可以向训练数据矩阵加入$\lfloor \alpha n \rfloor$个恶意用户，每个恶意用户最多对 C 件物品打分，分数需要在范围$[-\Lambda, \Lambda]$内。

令 $\boldsymbol{M}_0 \in \mathbb{R}^{n\times m}$表示原始数据矩阵，$\widetilde{\boldsymbol{M}} \in \mathbb{R}^{n'\times m}$表示所有 $n'=\alpha n$ 个恶意用户的数据矩阵。令$\widetilde{\Omega}$为$\widetilde{\boldsymbol{M}}$中的非零元素集合，$\widetilde{\Omega}_i \subseteq [m]$为第 i 个恶意用户打分的所有物品。根据我们的攻击模型，对所有 $i \in \{1, \cdots, n'\}$有$|\widetilde{\Omega}_i| \leqslant C$，$\|\widetilde{\boldsymbol{M}}\|_{\max} = \max|\widetilde{\boldsymbol{M}}_{ij}| \leqslant \Lambda$。对任一矩阵 $\boldsymbol{M}$，令 Ω 为可见元素的子集，回顾 2.2.3 节，如果$(i, j) \in \Omega$，则符号 $R_\Omega(\boldsymbol{M})$表示$[\mathcal{R}_\Omega(\boldsymbol{M})]_{ij}$等于$\boldsymbol{M}_{ij}$，否则等于 0。

令 $\boldsymbol{\Theta}_\gamma(\boldsymbol{M}_0; \widetilde{\boldsymbol{M}})$为使用正则化参数 γ 在原始和中毒数据矩阵$(\boldsymbol{M}_0; \widetilde{\boldsymbol{M}})$上联合计算的最优解。例如，等式(2-6)变成了

87

$$\boldsymbol{\Theta}_\gamma(\boldsymbol{M}_0;\widetilde{\boldsymbol{M}}) = \underset{\boldsymbol{U},\widetilde{\boldsymbol{U}},\boldsymbol{V}}{\operatorname{argmin}} \|\mathcal{R}_\Omega(\boldsymbol{M}_0 - \boldsymbol{U}\boldsymbol{V}^{\mathrm{T}})\|_F^2 + \|\mathcal{R}_{\widetilde{\Omega}}(\widetilde{\boldsymbol{M}} - \widetilde{\boldsymbol{U}}\boldsymbol{V}^{\mathrm{T}})\|_F^2 + 2\gamma_U(\|\boldsymbol{U}\|_F^2 + \|\widetilde{\boldsymbol{U}}\|_F^2) + 2\gamma_V\|\boldsymbol{V}\|_F^2 \quad (6\text{-}28)$$

其中得到的 $\boldsymbol{\Theta}$ 由对于普通和恶意用户的低秩潜在因素 $\boldsymbol{U}$ 和$\widetilde{\boldsymbol{U}}$以及对物品的低秩潜在因素 $\boldsymbol{V}$ 组成。同样，对于等式(2-7)中的核范数最小化问题，我们有

$$\boldsymbol{\Theta}_\gamma(\boldsymbol{M}_0;\widetilde{\boldsymbol{M}}) = \underset{\boldsymbol{X},\widetilde{\boldsymbol{X}}}{\operatorname{argmin}} \|\mathcal{R}_\Omega(\boldsymbol{M}_0 - \boldsymbol{X})\|_F^2 + \|\mathcal{R}_{\widetilde{\Omega}}(\widetilde{\boldsymbol{M}} - \widetilde{\boldsymbol{X}})\|_F^2 + 2\gamma\|(\boldsymbol{X};\widetilde{\boldsymbol{X}})\|_* \quad (6\text{-}29)$$

这里解是 $\boldsymbol{\Theta} = (\boldsymbol{X}, \widetilde{\boldsymbol{X}})$。

令$\hat{\boldsymbol{M}}(\boldsymbol{\Theta})$为从学习到的模型 $\boldsymbol{\Theta}$ 中预测的矩阵。例如，对于等式(6-28)我们有$\hat{\boldsymbol{M}}(\boldsymbol{\Theta}) = \boldsymbol{U}\boldsymbol{V}^{\mathrm{T}}$，对于等式(6-29)我们有$\hat{\boldsymbol{M}}(\boldsymbol{\Theta}) = \boldsymbol{X}$。攻击者的目标是找到最优的恶意用户$\widetilde{\boldsymbol{M}}^*$使得

$$\widetilde{\boldsymbol{M}}^* \in \underset{\widetilde{\boldsymbol{M}} \in \mathbb{M}}{\operatorname{argmax}}\, U(\hat{\boldsymbol{M}}(\boldsymbol{\Theta}_\gamma(\boldsymbol{M}_0;\widetilde{\boldsymbol{M}})), \boldsymbol{M}_0) \quad (6\text{-}30)$$

这里 $\mathbb{M} = \{\widetilde{\boldsymbol{M}} \in \mathbb{R}^{n'\times m}: |\widetilde{\Omega}_i| \leqslant C, \|\widetilde{\boldsymbol{M}}\|_{\max} \leqslant \Lambda\}$是这一节更早提到的所有可行投毒攻击的集合，$U(\hat{\boldsymbol{M}}, \boldsymbol{M}_0)$为在很少的恶意用户$\widetilde{\boldsymbol{M}}$的帮助下将协同过滤算法转向在原始数据集 $\boldsymbol{M}_0$ 上预测$\hat{\boldsymbol{M}}$的攻击者效用。

我们能想到在投毒矩阵填充的情况下，攻击者的目标有很多。首先是可靠性攻击。

在可靠性攻击中，攻击者希望最大化协同过滤系统的误差。为了用公式定义这种攻击目标，假设$\overline{\boldsymbol{M}}$为未遭到投毒攻击的协同过滤系统的预测结果⊖。那么攻击者的风险函数定义为在不可见的元素 Ω^C 上 $\overline{\boldsymbol{M}}$ 和$\hat{\boldsymbol{M}}$(投毒攻击后的预测结果)间预测结果的扰动总量：

$$U^{\mathrm{rel}}(\boldsymbol{M}_0,\hat{\boldsymbol{M}}) = \|\mathcal{R}_{\Omega^C}(\hat{\boldsymbol{M}}-\overline{\boldsymbol{M}})\|_F^2 \tag{6-31}$$

我们能想到的另一类目标是针对性攻击。在针对性攻击中，攻击者希望增加或降低一个物品(子集)的受欢迎程度⊜。假设 $S\subseteq[m]$是攻击者感兴趣的物品子集，w 是攻击者提前确定的权重向量，其中 w_j 是物品 $j\in S$ 的权重(对于攻击者想要增加打分的物品为正，对于攻击者想要减少打分的物品为负)。效用函数是

$$U_{S,\omega}^{\mathrm{targeted}}(\hat{\boldsymbol{M}},\boldsymbol{M}_0) = \sum_{i=1}^{m}\sum_{j\in S} w_j \hat{\boldsymbol{M}}_{ij} \tag{6-32}$$

最后我们考虑一种混合攻击：

$$U_{S,\omega,\mu}^{\mathrm{hybrid}}(\boldsymbol{M}_0,\hat{\boldsymbol{M}}) = \mu_1 U^{\mathrm{rel}}(\boldsymbol{M}_0,\hat{\boldsymbol{M}}) + \mu_2 U_{S,\omega}^{\mathrm{targeted}}(\boldsymbol{M}_0,\hat{\boldsymbol{M}}) \tag{6-33}$$ 88

其中 $\mu=(\mu_1, \mu_2)$是权衡两种攻击目标(可靠性和针对性攻击)的系数。此外，μ_1 可以为负，这建模了攻击者想要留下“很轻的痕迹”的情况：攻击者想要他的物品更受欢迎，同时为躲过检测，系统的其他推荐较少地受到影响。

接下来描述解决等式(6-30)中优化问题的实用算法。我们先考虑等式(6-28)中的交替最小化问题，得到解决对应的优化攻击策略的投影梯度上升方法。类似的变体被拓展到等式(6-29)中的核范数最小化问题。最后我们讨论如何设计为躲过检测而模仿普通用户行为的恶意用户。

6.4.2 交替最小化的攻击

我们现在描述解决关于等式(6-28)中交替最小化问题的等式(6-30)中优化问题[Li

⊖ 注意当协同过滤算法和它的参数固定时，$\overline{\boldsymbol{M}}$ 是可见元素 $\mathcal{R}_{\Omega}(\boldsymbol{M}_0)$的函数。

⊜ 我们指出，这里讨论的针对性攻击的概念不大符合我们关于假设只有一个目标的针对性攻击的定义。为了简化，也因为这占针对性攻击的大多数，我们仍使用这种简单的概念。但是注意，一个更通用的定义需要考虑目标标签集合，其中任意目标集中的标签对攻击者都是满足的。

等，2016]的投影梯度上升(Projected Gradient Ascent，PGA)方法。在第 t 次迭代中算法如下更新$\widetilde{\boldsymbol{M}}^{(t)}$：

$$\widetilde{\boldsymbol{M}}^{(t+1)}=\mathrm{Proj}_{\mathbb{M}}(\widetilde{\boldsymbol{M}}^{(t)}+\beta_t\nabla_{\widetilde{\boldsymbol{M}}}U(\boldsymbol{M}_0,\hat{\boldsymbol{M}}))\tag{6-34}$$

其中$\mathrm{Proj}_{\mathbb{M}}(\cdot)$是在可行域 $\mathbb{M}$ 上的投影操作，β_t 是第 t 次迭代中的步长。注意预测矩阵$\hat{\boldsymbol{M}}$取决于在联合数据矩阵上学习到的取决于恶意用户$\widetilde{\boldsymbol{M}}$的模型 $\boldsymbol{\Theta}_\gamma(\boldsymbol{M}_0;\widetilde{\boldsymbol{M}})$。因为约束集 $\mathbb{M}$ 是高度非凸的，所以对每个恶意用户，我们可以随机生成 C 件物品让他打分。$\mathrm{Proj}_{\mathbb{M}}(\cdot)$操作将每个恶意用户的打分向量投影到一个直径为 Λ 的 ℓ_∞ 球上。通过以 $\pm\Lambda$ 水平截断$\widetilde{\boldsymbol{M}}$中的所有元素，可以轻松地计算出$\mathrm{Proj}_{\mathbb{M}}(\cdot)$。

接下来我们展示如何(近似)计算$\nabla_{\widetilde{\boldsymbol{M}}}U(\boldsymbol{M}_0,\hat{\boldsymbol{M}})$。因为损失函数中的一个参数包含一个隐式优化问题，所以计算很有挑战性。我们首先用链式法则得到

$$\nabla_{\widetilde{\boldsymbol{M}}}U(\boldsymbol{M}_0,\hat{\boldsymbol{M}})=\nabla_{\widetilde{\boldsymbol{M}}}\boldsymbol{\Theta}_\gamma(\boldsymbol{M}_0;\widetilde{\boldsymbol{M}})\,\nabla_{\boldsymbol{\Theta}}U(\boldsymbol{M}_0,\hat{\boldsymbol{M}})\tag{6-35}$$

第二个梯度(关于 $\boldsymbol{\Theta}$)易于计算，因为前一节提到的所有损失函数都是平滑且可导的。另一方面，因为 $\boldsymbol{\Theta}_\gamma(\cdot)$是一个优化过程，所以第一个梯度项难算得多。幸运的是，我们可以利用优化问题 $\boldsymbol{\Theta}_\gamma(\cdot)$的 KKT 条件近似计算$\nabla_{\widetilde{\boldsymbol{M}}}\boldsymbol{\Theta}_\gamma(\boldsymbol{M}_0;\widetilde{\boldsymbol{M}})$。更具体地说，等式(6-28)的最优解 $\boldsymbol{\Theta}=(\boldsymbol{U},\widetilde{\boldsymbol{U}},\boldsymbol{V})$满足

89

$$\begin{aligned}\gamma_U\boldsymbol{u}_i&=\sum_{j\in\Omega_i}(\boldsymbol{M}_{0ij}-\boldsymbol{u}_i^{\mathrm{T}}\boldsymbol{v}_j)\boldsymbol{v}_j\\ \gamma_U\widetilde{\boldsymbol{u}}_i&=\sum_{j\in\widetilde{\Omega}_i}(\widetilde{\boldsymbol{M}}_{ij}-\widetilde{\boldsymbol{u}}_i^{\mathrm{T}}\boldsymbol{v}_j)\boldsymbol{v}_j\\ \gamma_V\boldsymbol{v}_j&=\sum_{i\in\Omega'_j}(\boldsymbol{M}_{0ij}-\boldsymbol{u}_i^{\mathrm{T}}\boldsymbol{v}_j)\boldsymbol{u}_i+\sum_{i\in\widetilde{\Omega}'_j}(\widetilde{\boldsymbol{M}}_{ij}-\widetilde{\boldsymbol{u}}_i^{\mathrm{T}}\boldsymbol{v}_j)\widetilde{\boldsymbol{u}}_i\end{aligned}\tag{6-36}$$

其中 $\boldsymbol{u}_i$ 和$\widetilde{\boldsymbol{u}}_i$ 分别是 $\boldsymbol{U}$ 和$\widetilde{\boldsymbol{U}}$中的第 i 行(k 维)，$\boldsymbol{v}_j$ 是 $\boldsymbol{V}$ 中的第 j 行(也是 k 维)。因此，$\{\boldsymbol{u}_i,\widetilde{\boldsymbol{u}}_i,\boldsymbol{v}_j\}$可以表示为原始和恶意数据矩阵 $\boldsymbol{M}_0$ 和$\widetilde{\boldsymbol{M}}$的函数。利用$(\boldsymbol{a}^{\mathrm{T}}\boldsymbol{x})\boldsymbol{a}=(\boldsymbol{a}\boldsymbol{a}^{\mathrm{T}})\boldsymbol{x}$ 和 $\boldsymbol{M}_0$ 不随$\widetilde{\boldsymbol{M}}$改变的事实，我们得到

$$\begin{aligned}&\frac{\partial\boldsymbol{u}_i(\widetilde{\boldsymbol{M}})}{\partial\widetilde{\boldsymbol{M}}_{ij}}=\boldsymbol{0};\quad\frac{\partial\widetilde{\boldsymbol{u}}_i(\widetilde{\boldsymbol{M}})}{\partial\widetilde{\boldsymbol{M}}_{ij}}=(\gamma_U\boldsymbol{I}_k+\boldsymbol{\Sigma}_U^{(i)})^{-1}\boldsymbol{v}_j\\ &\frac{\partial\boldsymbol{v}_j(\widetilde{\boldsymbol{M}})}{\partial\widetilde{\boldsymbol{M}}_{ij}}=(\gamma_V\boldsymbol{I}_k+\boldsymbol{\Sigma}_V^{(j)})^{-1}\boldsymbol{u}_i\end{aligned}\tag{6-37}$$

这里 $\boldsymbol{\Sigma}_U^{(i)}$ 和 $\boldsymbol{\Sigma}_V^{(j)}$ 被定义为

$$\boldsymbol{\Sigma}_U^{(i)} = \sum_{j \in \Omega_i \cup \widetilde{\Omega}_i} \boldsymbol{v}_j \boldsymbol{v}_j^{\mathrm{T}}, \quad \boldsymbol{\Sigma}_V^{(j)} = \sum_{i \in \Omega'_j \cup \widetilde{\Omega}'_j} \boldsymbol{u}_i \boldsymbol{u}_i^{\mathrm{T}} \tag{6-38}$$

完整的优化算法如算法 6-1 所示。

算法 6-1　利用 PGA 优化 $\widetilde{\boldsymbol{M}}$

输入：初始部分观测的 $n \times m$ 数据矩阵 $\boldsymbol{M}_0$，算法正则化参数 γ，攻击预算参数 α、C 和 Λ，攻击者的效用函数 U，步长 $\{\beta_t\}_{t=1}^{\infty}$
初始化：$\widetilde{\boldsymbol{M}}^{(0)} \in \mathbb{M}$，评级和打分的物品都随机均匀采样；$t=0$
while $\widetilde{\boldsymbol{M}}^{(t)}$ 不收敛 **do**
　计算最优解 $\boldsymbol{\Theta}_\gamma(\boldsymbol{M}_0; \widetilde{\boldsymbol{M}}^{(t)})$
　使用等式（6-34）计算梯度 $\nabla_{\widetilde{\boldsymbol{M}}} U(\boldsymbol{M}_0, \hat{\boldsymbol{M}})$
　更新：$\widetilde{\boldsymbol{M}}^{(t+1)} = \mathrm{Proj}_{\mathbb{M}}(\widetilde{\boldsymbol{M}}^{(t)} + \beta_t \nabla_{\widetilde{\boldsymbol{M}}} U(\boldsymbol{M}_0, \hat{\boldsymbol{M}}))$
　$t \leftarrow t+1$
end while
输出：$n' \times m$ 恶意矩阵 $\widetilde{\boldsymbol{M}}^{(t)}$

90

6.4.3 核范数最小化的攻击

我们拓展上面描述的投影梯度上升算法来计算对等式(6-29)中核范数最小化问题的最优攻击策略。因为等式(6-29)中的目标函数是凸的，所以全局最优解 $\boldsymbol{\Theta}=(\boldsymbol{X}, \widetilde{\boldsymbol{X}})$ 可以通过如近端梯度下降(又名对核范数最小化问题的奇异值阈值化[Cai 等，2010])的传统凸优化方法得到。此外，因为有核范数惩罚[Candès and Recht，2007]，所以预测结果$(\boldsymbol{X}, \widetilde{\boldsymbol{X}})$是低秩的。

假设$(\boldsymbol{X}, \widetilde{\boldsymbol{X}})$的秩为 $\rho \leqslant \min(n, m)$。我们可用 $\boldsymbol{\Theta}'=(\boldsymbol{U}, \widetilde{\boldsymbol{U}}, \boldsymbol{V}, \boldsymbol{\Sigma})$ 作为简化参数的学习模型的另一个特征。这里 $\boldsymbol{X}=\boldsymbol{u}\boldsymbol{\Sigma}\boldsymbol{V}^{\mathrm{T}}$ 和 $\widetilde{\boldsymbol{X}}=\widetilde{\boldsymbol{U}}\boldsymbol{\Sigma}\boldsymbol{V}^{\mathrm{T}}$ 是 $\boldsymbol{X}$ 和 $\widetilde{\boldsymbol{X}}$ 的奇异值分解，即 $\boldsymbol{U} \in \mathbb{R}^{n \times \rho}$，$\widetilde{\boldsymbol{U}} \in \mathbb{R}^{m' \times \rho}$，$\boldsymbol{V} \in \mathbb{R}^{m \times \rho}$ 有标准正交列，$\boldsymbol{\Sigma}=\mathrm{diag}(\sigma_1, \cdots, \sigma_\rho)$ 是非负对角阵。

为了计算梯度 $\nabla_{\widetilde{\boldsymbol{M}}} U(\boldsymbol{M}_0, \hat{\boldsymbol{M}})$，我们再次使用链式法则将梯度分解为两部分：

$$\nabla_{\widetilde{\boldsymbol{M}}} U(\boldsymbol{M}_0, \hat{\boldsymbol{M}}) = \nabla_{\widetilde{\boldsymbol{M}}} \boldsymbol{\Theta}'_\gamma(\boldsymbol{M}_0; \widetilde{\boldsymbol{M}})\, \nabla_{\boldsymbol{\Theta}'} U(\boldsymbol{M}_0, \hat{\boldsymbol{M}}) \tag{6-39}$$

与等式(6-35)相似，第二个梯度项 $\nabla_{\boldsymbol{\Theta}'} U(\boldsymbol{M}_0, \hat{\boldsymbol{M}})$ 计算起来相对简单。在本节剩下的部

分，我们主要研究包含了 $\boldsymbol{\Theta}'=(\boldsymbol{U},\ \widetilde{\boldsymbol{U}},\ \boldsymbol{V},\ \boldsymbol{\Sigma})$关于恶意用户$\widetilde{\boldsymbol{M}}$的偏导数的第一个梯度项的计算。

我们从等式(6-29)的最优解 $\boldsymbol{\Theta}'$的 KKT 条件开始。不同于交替最小化问题，核范数函数$\|\cdot\|_*$不是处处可导的。因此，KKT 条件与核范数函数的次微分 $\partial\|\cdot\|_*$ 的关系如下：

$$\mathcal{R}_{\Omega,\widetilde{\Omega}}([\boldsymbol{M}_0;\widetilde{\boldsymbol{M}}]-[\boldsymbol{X};\widetilde{\boldsymbol{X}}]) \in \gamma\partial\|[\boldsymbol{X};\widetilde{\boldsymbol{X}}]\|_* \tag{6-40}$$

这里$[\boldsymbol{X};\ \widetilde{\boldsymbol{X}}]$是 $\boldsymbol{X}$ 和$\widetilde{\boldsymbol{X}}$的$(n+n')\times m$ 串联矩阵。核范数函数的次微分 $\partial\|\cdot\|_*$[Candès and Recht，2007]为

$$\partial\|\boldsymbol{X}\|_* = \{\boldsymbol{U}\boldsymbol{V}^{\mathrm{T}}+\boldsymbol{W}:\boldsymbol{U}^{\mathrm{T}}\boldsymbol{W}=\boldsymbol{W}\boldsymbol{V}=\boldsymbol{0},\|\boldsymbol{W}\|_2\leqslant 1\}$$

其中 $\boldsymbol{X}=\boldsymbol{U}\boldsymbol{\Sigma}\boldsymbol{V}^{\mathrm{T}}$ 是 $\boldsymbol{X}$ 的奇异值分解。假设$\{\boldsymbol{u}_i\}$、$\{\widetilde{\boldsymbol{u}}_i\}$和$\{\boldsymbol{v}_j\}$分别是 $\boldsymbol{U}$、$\widetilde{\boldsymbol{U}}$和 $\boldsymbol{V}$ 的行，$\boldsymbol{W}=\{w_{ij}\}$。那么我们如下重新表示等式(6-40)的 KKT 条件：

$$\begin{aligned}\forall(i,j)\in\Omega,\quad \boldsymbol{M}_{0ij} &= \boldsymbol{u}_i^{\mathrm{T}}(\boldsymbol{\Sigma}+\gamma\boldsymbol{I}_\rho)\boldsymbol{v}_j+\gamma\, w_{ij}\\ \forall(i,j)\in\widetilde{\Omega},\quad \widetilde{\boldsymbol{M}}_{ij} &= \widetilde{\boldsymbol{u}}_i^{\mathrm{T}}(\boldsymbol{\Sigma}+\gamma\boldsymbol{I}_\rho)\boldsymbol{v}_j+\gamma\,\widetilde{w}_{ij}\end{aligned} \tag{6-41}$$

91 这使得我们得到$\nabla_{\widetilde{M}}\boldsymbol{\Theta}=\nabla_{\widetilde{M}}(\boldsymbol{u},\ \widetilde{\boldsymbol{u}},\ \boldsymbol{v},\ \sigma)$(详见[Li 等，2016])。

6.4.4 模仿普通用户行为

普通用户给物品打分一般不会均匀随机。例如，一些电影比其他电影更受欢迎。因此，通过对只由普通用户构成的已知数据库运行 t-测试，给电影打分均匀随机的恶意用户可以很容易地被识别出来。为了缓解这个问题，这一节介绍用变换方法计算数据投毒攻击，使得恶意用户$\widetilde{\boldsymbol{M}}$模仿普通用户 $\boldsymbol{M}_0$ 以躲过可能存在的检测，同时达到很高的攻击者效用 $U(\boldsymbol{M}_0\ \hat{\boldsymbol{M}})$。我们使用贝叶斯公式同时考虑数据投毒攻击和隐秘性的目标函数。先验分布 $p_0(\widetilde{\boldsymbol{M}})$收集普通用户的行为并被定义为多元正态分布

$$p_0(\widetilde{\boldsymbol{M}}) = \prod_{i=1}^{m'}\prod_{j=1}^{n}\mathcal{N}(\widetilde{\boldsymbol{M}}_{ij};\xi_j,\sigma_j^2) \tag{6-42}$$

其中 ξ_j 和σ_j^2分别是由普通用户给第 j 件物品打分的均值和方差。事实上，这两个参数可以通过普通用户矩阵 $\boldsymbol{M}_0$ 预测为 $\xi_j=\dfrac{1}{m}\sum_{i=1}^{m}\boldsymbol{M}_{0ij}$，$\sigma_j^2=\dfrac{1}{n}\sum_{i=1}^{n}(\boldsymbol{M}_{0ij}-\xi_j)^2$。另一方面，

$p(\boldsymbol{M}_0 \mid \widetilde{\boldsymbol{M}})$的似然性定义为

$$p(\boldsymbol{M}_0 \mid \widetilde{\boldsymbol{M}}) = \frac{1}{Z}\exp(\mu U(\boldsymbol{M}_0\ \hat{\boldsymbol{M}})) \tag{6-43}$$

其中$U(\boldsymbol{M}_0,\ \hat{\boldsymbol{M}})=U(\hat{\boldsymbol{M}}(\boldsymbol{\Theta}_\gamma(\boldsymbol{M}_0;\ \widetilde{\boldsymbol{M}})),\ \boldsymbol{M}_0)$是一种上面定义的攻击者效用模型（例如，对应于可靠性攻击），Z是归一化常数，$\mu>0$是权衡攻击表现和隐秘性的优化参数。小的μ值将$\widetilde{\boldsymbol{M}}$的后验变换为先验，使得产生的攻击策略不那么有效，但更难被发现，反之亦然。 92

给定先验和似然函数，一个有效的隐秘攻击策略$\widetilde{\boldsymbol{M}}$可以通过从它的后验分布中采样得到：

$$\begin{aligned} p(\widetilde{\boldsymbol{M}} \mid \boldsymbol{M}_0) &= \frac{p_0(\widetilde{\boldsymbol{M}})\, p(\boldsymbol{M}_0 \mid \widetilde{\boldsymbol{M}})}{p(\boldsymbol{M}_0)} \\ &\propto \exp\left(-\sum_{i=1}^{n'}\sum_{j=1}^{m}\frac{(\widetilde{\boldsymbol{M}}_{ij}-\xi_j)^2}{2\sigma_j^2}+\mu U(\boldsymbol{M}_0,\hat{\boldsymbol{M}})\right) \end{aligned} \tag{6-44}$$

由于对恶意数据$\widetilde{\boldsymbol{M}}$上的预测矩阵$\hat{\boldsymbol{M}}$的隐式和复杂的依赖，等式(6-44)的后验采样是难解的，即$\hat{\boldsymbol{M}}=\hat{\boldsymbol{M}}(\boldsymbol{\Theta}_\gamma(\boldsymbol{M}_0;\ \widetilde{\boldsymbol{M}}))$。为了避免这一问题，我们使用随机梯度 Langevin 动力学（Stochastic Gradient Langevin Dynamics，SGLD）［Welling and Teh，2011］从等式(6-44)的后验分布中近似采样$\widetilde{\boldsymbol{M}}$。具体来说，SGLD 算法迭代计算一系列后验样本$\{\widetilde{\boldsymbol{M}}^{(t)}\}_{t\geqslant 0}$。在第$t$次迭代中，新的样本$\widetilde{\boldsymbol{M}}^{(t+1)}$被计算为

$$\widetilde{\boldsymbol{M}}^{(t+1)} = \widetilde{\boldsymbol{M}}^{(t)} + \frac{\beta_t}{2}(\nabla_{\widetilde{\boldsymbol{M}}}\log p(\widetilde{\boldsymbol{M}} \mid \boldsymbol{M}_0)) + \varepsilon_t \tag{6-45}$$

其中$\{\beta_t\}_{t\geqslant 0}$是步长，$\varepsilon_t \sim \mathcal{N}(\boldsymbol{0},\ \beta_t \boldsymbol{I})$是在每一次 SGLD 迭代中注入的独立高斯噪声。梯度$\nabla_{\widetilde{\boldsymbol{M}}}\log p(\widetilde{\boldsymbol{M}} \mid \boldsymbol{M}_0)$可计算为

$$\nabla_{\widetilde{\boldsymbol{M}}}\log p(\widetilde{\boldsymbol{M}} \mid \boldsymbol{M}_0) = -(\widetilde{\boldsymbol{M}}-\boldsymbol{\Xi})\boldsymbol{\Sigma}^{-1} + \mu\nabla_{\widetilde{\boldsymbol{M}}}U(\boldsymbol{M}_0,\hat{\boldsymbol{M}})$$

其中，$\boldsymbol{\Sigma}=\mathrm{diag}(\sigma_1^2,\cdots,\sigma_n^2)$，$\boldsymbol{\Xi}$是$m'\times n$矩阵，且对$i\in[m']$和$j\in[m]$有$\boldsymbol{\Xi}_{ij}=\xi_j$。其他的梯度$U_{\widetilde{\boldsymbol{M}}}(\boldsymbol{M}_0,\ \hat{\boldsymbol{M}})$可以用 6.4.2 和 6.4.3 节中的方法计算。最后，通过每个用户挑选C件分数绝对值最大的物品且以$\{\pm\Lambda\}$水平截取分数，将采样的恶意矩阵$\widetilde{\boldsymbol{M}}^{(t)}$投影回

可行集合 $\mathbb{M}$。这一方法的高级描述如算法 6-2 所示。

算法 6-2　利用 SGLD 优化 $\widetilde{M}$

输入：初始部分观测的 $n \times m$ 数据矩阵 $\boldsymbol{M}_0$，算法正则化参数 γ，攻击预算参数 α、C 和 Λ，攻击者的效用函数 R，步长 $\{\beta_t\}_{t=1}^{\infty}$，调整参数 β，SGLD 迭代次数 T

先验设置：计算 $\xi_j = \frac{1}{m}\sum_{i=1}^{m} \boldsymbol{M}_{0ij}$ 和 $\sigma_j^2 = \frac{1}{m}\sum_{i=1}^{m}(\boldsymbol{M}_{0ij} - \xi_j)^2$，对每一个 $j \in [n]$

初始化：采样 $\widetilde{\boldsymbol{M}}_{ij}^{(0)} \sim \mathcal{N}(\xi_j, \sigma_j^2)$，对 $i \in [m'], j \in [n]$

for $t = 0$ to T **do**

　　计算最优解 $\boldsymbol{\Theta}_\gamma(\boldsymbol{M}_0; \widetilde{\boldsymbol{M}}^{(t)})$

　　使用等式（6-34）计算梯度 $\nabla_{\widetilde{M}} U(\boldsymbol{M}_0, \widehat{\boldsymbol{M}})$

　　根据等式（6-45）更新 $\widetilde{\boldsymbol{M}}^{(t+1)}$

end for

投影：求 $\widetilde{\boldsymbol{M}}^* \in \arg\min_{\widetilde{M} \in \mathbb{M}} \|\widetilde{\boldsymbol{M}} - \widetilde{\boldsymbol{M}}^{(t)}\|_F^2$

输出：$n' \times m$ 恶意矩阵 $\widetilde{\boldsymbol{M}}^*$

6.5　投毒攻击的通用框架

我们现在介绍由 Mei 和 Zhu [2015a]提出的一种很通用的投毒攻击方法，并将该框架与机器教学(machine teaching)问题结合。这种方法允许加入或修改一部分数据，这些数据随后会变成训练数据集的一部分。虽然我们下面对这一方法的描述针对的是监督学习情况，但是原则上，它能被用于监督和无监督学习环境。

我们从计算优化参数 w 和权衡经验风险与正则项的传统学习问题开始。令 $\mathcal{D}$ 为数据集。因为投毒攻击修改这个数据集，所以我们现在明确地表示一切(包括 w)为训练
93 数据的函数(原始的或修改后的)。传统的学习问题可被写为

$$w(\mathcal{D}) \in \arg\max_{w} \sum_{i \in \mathcal{D}} l_i(w) + \gamma\rho(w) \tag{6-46}$$

其中 $l_i(w)$ 是数据点 i 上的损失，$\rho(w)$ 是正则项。例如，二元分类中损失可以是 $l_i(w) = l(y_i g(x_i;\ w))$，其中 y_i 为标签，$g(x_i;\ w)$ 为分类得分。假设 $\rho(w)$ 和 $l_i(w)$ 都是严格凸函数且二次连续可导。通过允许约束为学习器优化问题的一部分，Mei 和 Zhu [2015a]考虑了更普遍的情况，但是我们的约束得到一个更简单的表述方法。

为了区分原始“干净”数据集和攻击者生成的数据集，我们令 $\mathcal{D}_0$ 为前者，$\mathcal{D}$ 为

后者。那么攻击者的决策是从 $\mathcal{D}_0$ 中创造一个新数据集 $\mathcal{D}$。在这种情况下，攻击者面临我们在本章开始时提到的权衡：一方面，攻击者希望最小化其风险函数 $R_A(w(\mathcal{D}))$，其中 $w(\mathcal{D})$是训练数据 $\mathcal{D}$ 被用于学习器时产生的参数；另一方面，攻击者造成由代价函数 $c(\mathcal{D}_0,\mathcal{D})$表示的代价。Mei 和 Zhu 将这一权衡表示为以下优化问题：

$$\begin{aligned}&\min_{\mathcal{D}} R_A(w(\mathcal{D}))+c(\mathcal{D}_0,\mathcal{D})\\ &\text{s. t.}\quad w(\mathcal{D})\in\arg\max_{w}\sum_{i\in\mathcal{D}}l_i(w)+\gamma\rho(w)\end{aligned}\tag{6-47}$$

这是一个具有挑战的双重优化问题。然而，如果学习器的问题是严格凸的，我们可以用对应的一阶条件重写约束：

$$\forall j,\quad \sum_{i\in\mathcal{D}}\frac{\partial l_i(w)}{\partial w_j}+\gamma\frac{\partial\rho(w)}{\partial w_j}=0\tag{6-48}$$

假设 $\mathbb{D}$ 是攻击者可以生成(例如攻击者不能从 $\mathcal{D}_0$ 中减掉数据)的所有可行数据集的空间。理论上，我们可以用投影梯度下降优化攻击者的目标函数，其中第 $t+1$ 次迭代的更新为

$$\mathcal{D}^{t+1}=\text{Proj}_{\mathbb{D}}[\mathcal{D}^t-\beta_t\nabla_{\mathcal{D}}R_A(w(\mathcal{D}))-\nabla_{\mathcal{D}}c(\mathcal{D},\mathcal{D}_0)]\tag{6-49}$$

其中 β_t 是学习率。$\nabla_{\mathcal{D}}c(\mathcal{D},\mathcal{D}_0)$可从 $c(\cdot)$的分析表达式中直接计算：

$$\nabla_{\mathcal{D}}R_A(w(\mathcal{D}))=\nabla_w R_A(w)\frac{\partial w}{\partial\mathcal{D}}\tag{6-50}$$

虽然$\nabla_w R_A(w)$也可从攻击者的风险函数的分析形式中直接获得，但是$\frac{\partial w}{\partial\mathcal{D}}$由一阶条件(我们上面表示为约束)隐式表示。 94

幸运的是，我们可以利用隐函数定理(在前面提到的条件下)计算这一导数。首先，定义函数集

$$f_j(\mathcal{D},w)=\sum_{i\in\mathcal{D}}\frac{\partial l_i(w)}{\partial w_j}+\gamma\frac{\partial\rho(w)}{\partial w_j}\tag{6-51}$$

我们将这些函数组成一个向量 $f(\mathcal{D},w)$，$f(\mathcal{D},w)=0$ 表示上述一阶条件。令

$$\frac{\partial f_j}{\partial w_k}=\sum_{i\in D}\frac{\partial^2 l_i(w)}{\partial w_j \partial w_k}+\gamma\frac{\partial^2 \rho(w)}{\partial w_j \partial w_k} \tag{6-52}$$

即用$\frac{\partial f}{\partial w}$表示在对应矩阵中对于学习器的原始优化问题的黑塞矩阵，并令$\frac{\partial f_j}{\partial \mathcal{D}}$为 f 关于数据集 $\mathcal{D}$(我们将在下面更具体地说明如何计算)的偏导数；用$\frac{\partial f}{\partial \mathcal{D}}$表示对应矩阵。那么，如果$\frac{\partial f}{\partial w}$满秩(可逆)，我们可以计算

$$\frac{\partial w}{\partial \mathcal{D}}=-\left[\left[\frac{\partial f}{\partial w}\right]^{-1}\frac{\partial f}{\partial \mathcal{D}}\right] \tag{6-53}$$

为了具体化，假设攻击者正在攻击逻辑回归，且只能修改数据集 $\mathcal{D}_0$ 中的特征向量。因此攻击者的决策是根据原始的特征矩阵 $\boldsymbol{X}_0$ 和原始的二元标签 y_0，计算一个新的特征矩阵 $\boldsymbol{X}$。令 $c(\boldsymbol{X}_0, \boldsymbol{X})=\|\boldsymbol{X}-\boldsymbol{X}_0\|_F$，即攻击和原始特征矩阵之差的 Frobenius 范数。考虑攻击者期望防御者学习的目标参数为 w_T 的针对性攻击。因此，我们令 $R_A(w)=\|w-w_T\|_2^2$。

因为攻击者只修改已有的特征向量，所以偏导数$\frac{\partial f}{\partial \mathcal{D}}$由关于每个数据点 i 的对应特征 k 的偏导数$\frac{\partial f_j}{\partial x_{ik}}$组成。因为正则化矩阵不依赖 x，我们省略这一项(因为为 0)，并关注损失项。逻辑损失函数为 $l_i(w)=l(y_i g(x_i; w))=-\log(\sigma(y_i g_i))$，其中 $g_i=w^{\mathrm{T}}x_i+b$。$\sigma(a)=\frac{1}{1+\mathrm{e}^{-a}}$是逻辑函数。一个有用的事实是逻辑函数的一阶导数为 $\sigma'(a)=\sigma(a)(1-\sigma(a))$。那么在这种情况下，

$$f_j(\boldsymbol{X},w)=-\sum_i(1-\sigma(y_i g_i))y_i x_{ij} \tag{6-54}$$

因此，

$$\frac{\partial f_j}{\partial x_{ik}}=\sigma(y_i g_i)(1-\sigma(y_i g_i))y_i x_{ij}w_k-(1-\sigma(y_i g_i))y_i \mathbb{1}(j=k) \tag{6-55}$$

95 其中 $\mathbb{1}(j=k)$是恒等函数，$j=k$ 时为 1，否则为 0。

6.6 黑盒投毒攻击

本章前面所有的讨论我们都假设攻击者知道他们正在攻击的系统的所有信息。换

句话说，这是白盒攻击。我们现在转而讨论在不知道这么详细的信息的情况下，投毒攻击是否可行。因此，我们考虑投毒攻击中的黑盒攻击问题。更确切地说，白盒投毒攻击中攻击者需要知道三个信息：特征空间 F，学习器被投毒攻击前用到的数据集 D（注意我们用 D 表示有关数据集的知识，而不是数据集本身），学习器用到的算法 A（包括相关的超参数）。

图 6-2 展示了从白盒攻击（所有知识）开始的黑盒投毒攻击的信息点阵结构。如果学习器不知道算法，黑盒攻击可以使用代理算法，评估对正在使用的算法的假设错误的投毒攻击的鲁棒性。如果特征空间未知，可以使用代理特征空间，即使这严重限制了攻击者拥有的信息。然而，最重要的限制可能是对于被投毒的数据集的信息贫乏。如果代理数据只是学习器使用的数据的一部分，攻击者仍有可能在数据集中修改实例（包括标签）。但当无法接触到训练数据时这样的攻击明显是不可行的。另一方面，代理数据不能代表学习器使用的真实训练数据时，插入攻击的有效性必然会降低。即使如此，插入攻击仍然可行。

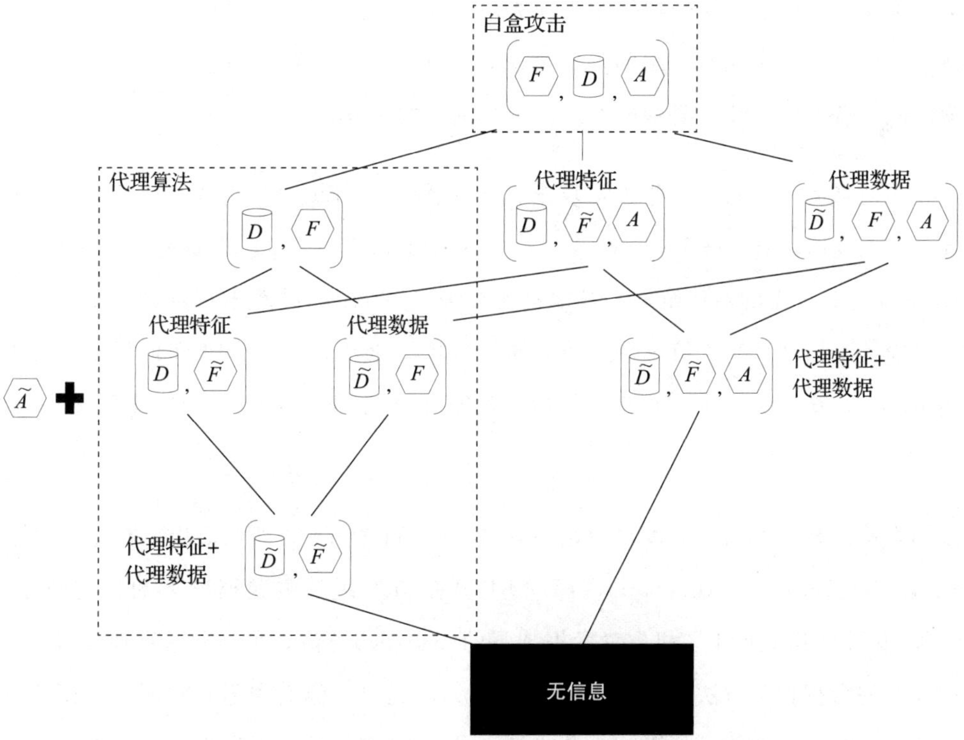

图 6-2　在机器学习上黑盒数据投毒攻击的信息点阵

6.7 参考文献注释

机器学习中，带噪声学习问题已经有很长的历史[Bshoutya 等，2002；Kearns and Li，1993；Natarajan 等，2013]。不过，这些问题只关注少量样本在最坏情况下的误差，而不是具体的对抗数据投毒的算法。我们将在下一章中解决对抗投毒攻击情况下的鲁棒学习问题。

一些较早的投毒攻击的模型和算法是对二元分类器(主要是线性 SVM)的标签翻转攻击。我们的描述基于 Xiao 等人[2012]的研究。另一种方法由 Biggio 等人[2011]提出。Xiao 等人[2015]提出了一种将二者统一的方法。

对支持向量机加入单个恶意特征向量的投毒攻击方法由 Biggio 等人[2012]提出。这一攻击很受限制：只有一个实例加入数据，且对手无法控制标签(例如，对手可能执行一项精心设计的恶意或善意的任务，如向组织中的收件人发送一封邮件，但是随后
96 学习器确保这些用于训练的邮件被正确标记)。如果对手可以向训练数据加入多个恶意实例，他们可以使用我们介绍的贪婪方法，一次加入一个数据点。另一方面，基于机器教学的更普遍的方法需要考虑修改整个数据集的影响。

在无监督问题空间，一些投毒攻击针对聚类方法[Biggio 等，2014a，b]，一些针对异常检测器[Kloft and Laskov，2012；Rubinstein 等，2009]。如前所述，Kloft 和 Laskov [2012]提出的对传统质心异常检测方法(广泛使用)的攻击在数学上很明确，然而，目前还未出现对基于核函数的质心异常检测器的攻击。基于 PCA 的异常检测的攻击由 Rubinstein 等人[2009]提出。最后，对矩阵填充(例如，被用于推荐系统)的攻击由 Li 等人[2016]提出。

结合机器教学的通用的投毒攻击方法由 Mei 和 Zhu [2015a]提出。在隐狄利克雷分配(Latent Dirichlet Allocation，LDA)尤其是自然语言主题模型下的特定攻击中，Mei 和 Zhu [2015b]提出了机器教学框架下的一个相似方法。另一种最近在监督学习中
97 普遍使用的数据投毒方法由 Koh 和 Liang [2017]提出，他们利用影响函数去研究学习中训练数据点上小的扰动的影响，并将这一方法应用于投毒深度学习。虽然大部分投毒方法针对目标分类器，但是最近的攻击考虑了线性回归[Jagielski 等，2018]。

我们关于投毒攻击的黑盒方法的讨论与最近 Suciu 等人[2018]提出的按攻击者拥有的信息分类的框架密切相关。他们将这叫作 FAIL 框架，我们在前面讨论过(第 3 章参考文献注释中)。其中 F 对应特征空间的知识，A 指算法的知识，I 为关于数据的知识(称之为实例)，L 为攻击者能力，对于攻击者能力我们单独考虑(在他们的示例中，这指的是攻击者可以修改哪些特征。这是一个我们通常无法解决的问题，但是这考虑了对攻击者的限制，例如他们能修改什么数据)。Suciu 等人[2018]还开发了一种有效的针对性黑盒投毒攻击算法——StingRay。StingRay 背后的高层次理论是使用一批标有目标标签或在特征空间中接近特征向量的基础数据点(例如，从真实或代理数据集中)。对手修改基本实例中的特征，将相关的特征向量移向目标。StingRay 在其攻击中引入了几个额外的考虑因素：首先，它试图最小化对其他非目标实例的影响(隐秘性考虑)；其次，它确保不会被用于清理训练数据的检测器删除。 98

第 7 章

Adversarial Machine Learning

数据投毒的防御

使机器学习算法对训练数据中的恶意噪声具有鲁棒性是机器学习中的经典问题之一。我们如下定义这一鲁棒学习问题。从有 n 个有标记样本的干净训练数据集 $\mathcal{D}_0$ 开始。假设数据集 $\mathcal{D}_0$ 的一个未知比例 α 被随意破坏(即特征向量和标签都可能被破坏)，得到一个受损的数据集 $\mathcal{D}$。目标是在受损数据集 $\mathcal{D}$ 上学习模型 f，使其和在干净数据集 $\mathcal{D}_0$ 上学到的模型 f_0 一样好(根据预测精度)。

我们将投毒鲁棒的学习算法分为三类。

1. **数据二次采样**：对 $\mathcal{D}$ 进行多次随机二次采样，使用相同的学习算法在每一次采样结果上学习模型，然后选出(训练)误差最小的模型(例如，Kearns 和 Li [1993])。

2. **离群点**(outlier)**去除**：识别并去除异常实例(离群点)，然后学习模型(例如，Klivans 等人[2009])。

3. **修剪优化**：可以说是第 2 类的变体，剪掉误差最大的$(1-\alpha)n$ 个数据点后最小化经验风险(例如，Liu 等人[2017])。

在本章中，我们介绍每一类防御投毒攻击方法的具体示例。

7.1 通过数据二次采样的鲁棒学习

我们介绍的第一种方法也是最古老的一种。在一篇研究论文中，Kearns 和 Li
99 [1993]提出最早的鲁棒分类方法。关键点是，如果 α 对于目标误差 ϵ 足够小，当比例为 α 的数据有恶意噪声时，任何多项式时间的 PAC 学习算法都可以被用于(作为子程序)获取 PAC 学习算法。

这个算法在算法 7-1 中给出。这个算法实际上与最初 Kearns 和 Li [1993]的想法略有不同：最初，从以概率 α 生成的恶意实例中抽取 K 个数量为 m 的样本。与之相反，我们使用一个更传统的设置，从数据集 $\mathcal{D}$ 开始，(至多)有比例为 α 的中毒实例。

然后，我们对该数据集(假设相当大，至少有 Km 个实例)进行 K 次数量为 m 的二次采样。Sample()函数生成一个这样的子样本。接下来，Learn()函数使用学习算法。最后，我们计算由(非鲁棒的)学习算法返回的假设 h_i 下的训练误差 e_i。

算法 7-1 数据二次采样算法

---

for $i=1\cdots K$ **do**
  $\mathcal{D}_i=\text{Sample}(\mathcal{D},m)$
  $h_i=\text{Learn}(\mathcal{D}_i)$
  $e_i=\text{Error}(h_i,\mathcal{D}_i)$
end for
$i^*=\arg\min_i e_i$
return h_{i^*}.

K 步后，算法返回获得最小训练误差的假设。关键点在于，当中毒数据的比例 α 非常小时，K 次采样中的一个很有可能不包含恶意样本，从而得到一个训练误差小的好的学习算法。以下定理用公式表示这一想法(这一定理中对于多项式时间 PAC 学习算法的定义详见第 2 章)。

定理 7.1 假设 Learn()实现了多项式时间的 PAC 学习算法，m 是为了以至少 $\frac{1}{2}$ 的概率达到 $\frac{\varepsilon}{2}$ 的误差的样本复杂度。令 $\alpha\leqslant\frac{\log m}{m}$，$K\geqslant 2m^2\log\frac{3}{\delta}$。那么由算法 7-1 计算得到的解的(真实)误差至多为 ε 的概率至少为 $1-\delta$。

虽然算法 7-1 和基于它的理论保证是针对二元分类的，但算法本身不难泛化：事实上，我们只要用任意一种评估数据上风险的函数代替计算误差的函数，算法就可以直接拓展到回归，或为了最小化某些经验风险函数的无监督学习(例如最大化数据的似然度)。

7.2 通过离群点去除的鲁棒学习

第二种对抗中毒数据的通用方法是试图在学习开始前，从训练数据中识别和去除恶意实例。更高层面上讲，这类工作的方法如算法 7-2 所示。 100

算法 7-2 通过离群点去除的鲁棒学习

输入：数据集 $\mathcal{D}$
$\mathcal{D}_{\text{clean}}=\text{RemoveOutliers}(\mathcal{D})$
$h=\text{Learn}(\mathcal{D}_{\text{clean}})$
return h

Klivans 等人[2009]提出了一种基于离群点检测和去除的正式学习框架。假设模型类别 $\mathcal{F}$ 为以原点为中心的线性分类器，例如 $f(x)=\mathrm{sgn}\{w^{\mathrm{T}}x\}$。Klivans 等人[2009]提出了一种基于 PCA 的离群点去除方法。尽管在相当强的分布假设下，但该方法得到了对下面描述的 Learn()特例的 PAC 学习保证。

具体来说，考虑 RemoveOutliers()函数。Klivans 等人[2009]提出算法 7-3 中的迭代离群点去除方法。直观地，这一算法迭代地将数据投影到方差最大的单一维度，然后在这一维去除所有离群点。Learn()算法只是一个简单的取平均，计算线性分类器的权重向量为

$$w=\frac{1}{|\mathcal{D}_{\text{clean}}|}\sum_{i\in\mathcal{D}_{\text{clean}}}y_i x_i \tag{7-1}$$

这明显导致了多项式时间算法。这样，他们可以证明以下结论。

定理 7.2　*假设特征向量的分布在单位球上是均匀的，恶意噪声 $\alpha\leqslant\Omega\left(\frac{\varepsilon^2}{\log\left(\frac{n}{\varepsilon}\right)}\right)$。那么，算法 7-3 以至少 $1-\varepsilon$ 的正确率学习以原点为中心的线性分类器。*

算法 7-3　RemoveOutliers()

输入： 数据集 $\mathcal{D}$
$\mathcal{D}_{\text{clean}}=\mathcal{D}$
repeat
　定义 $A=\sum_{x\in\mathcal{D}_{\text{clean}}}xx^{\mathrm{T}}$
　求最大特征值为 A 的特征向量 v
　S: 特征向量 $x\in\mathcal{D}$ 的集合，其中 $(v^{\mathrm{T}}x)^2\geqslant\frac{10\log n}{m}$
　$\mathcal{D}_{\text{clean}}\leftarrow\mathcal{D}-S$
until $S=\varnothing$
return $\mathcal{D}$

同样，虽然 Klivans 等人[2009]的算法和理论保证针对的是线性分类，但这一思路不
101 难泛化。理论上，也可以用任何其他的离群点检测方法，且无论如何，只要得到干净数据集，我们就可以在其上使用任意的学习算法(当然理论结果是针对线性分类的)。

另一种离群点去除的方法由 Cretu 等人[2008]提出。它利用异常检测，是专门为安全领域的鲁棒异常检测设计的。令 AD($\mathcal{D}$)为以数据集 $\mathcal{D}$ 为输入，并返回对任意输入 x 输出正常(−1)或异常(+1)的模型 $f(x)$ 的异常检测器。现在，假设我们将数据集

$\mathcal{D}$ 分为一系列子集$\{\mathcal{D}_i\}$，并在每个 $\mathcal{D}_i$ 上单独训练一个异常检测器。这为我们提供了一系列的检测器$\{h_i\}$，Cretu 等人[2008]称它们为*微模型*。我们现在用所有 h_i 为 $\mathcal{D}$ 中的每个数据点打分，得出正常或异常的结果。对每个 $x \in \mathcal{D}$，令分数 $s(x)=\sum_i w_i h_i(x)$ 为所有微模型在这一数据点上的加权投票。如果 $s(x) \geqslant r$，我们从 $\mathcal{D}$ 中去除 x，其中 r 为预定义的阈值。一旦数据净化完成，我们就可以在这个净化的数据集[⊖]上学习最终的模型(可以是分类器、回归或异常检测器)。利用微模型净化数据的完整算法由算法 7-4 给出。

算法 7-4　基于微模型的鲁棒学习

输入：数据集$\mathcal{D}$，微模型数K
$\mathcal{D}_{\text{clean}} \leftarrow \varnothing$
$\{\mathcal{D}_i\} = \text{PartitionData}(\mathcal{D}, K)$
for $i = 1$ to K **do**
　$h_i = \text{AD}(\mathcal{D}_i)$
end for
for $x \in D$ **do**
　$s(x) = \sum_i w_i h_i(x)$
　if $s(x) \leqslant r$ **then**
　　$\mathcal{D}_{\text{clean}} \leftarrow \mathcal{D}_{\text{clean}} \cup x$
　end if
end for
$h = \text{Learn}(\mathcal{D}_{\text{clean}})$
return h

第三种离群点去除的方法是 Barreno 等人[2010]提出的净化数据的方法，它可以被视为微模型的变体。Barreno 等人[2010]假设他们从干净数据集 $\mathcal{D}_\star$ 开始，考虑加入一个额外的部分中毒的数据集 $\mathcal{Z}$。更高层面上讲，他们评估每一个数据点 $z \in \mathcal{Z}$ 在学习模型的经验风险中对边际变动的影响有多大，Barreno 等人[2010]称之为*拒绝负面影响*(RONI)。 102

算法 7-5 展示了完整的 RONI 方法，其中 FindShift()函数在算法 7-6 中详细给出。该函数返回给定数据点 z 对训练和测试子样本集上的平均正确率(等效地，错误率)的影响。

⊖　注意 Cretu 等人[2008]实际上建议将原始数据集分为三部分：第一部分用于学习微模型，第二部分被净化后用于学习异常检测器(或者，在我们的例子中，任何其他的学习模型)，第三部分用于评估。我们重新定义了他们的方法，以便直接净化训练数据(也被用于学习微模型)。

算法 7-5　RONI 算法

```
输入：干净数据集 𝒟⋆, 新数据集 𝒵
𝒟 ← 𝒟⋆
𝒞 = Sample(𝒟⋆)
{(𝒯_i, 𝒬_i)} = PartitionData(𝒟⋆ − 𝒞, K)
for c ∈ 𝒞 do
  s(c) = FindShift(c, {(𝒯_i, 𝒬_i)})
end for
a = Average({s(c)})
for z ∈ 𝒵 do
  s(z) = FindShift(z, {(𝒯_i, 𝒬_i)})
  if s(z) ⩾ 0 or a − s(z) ⩽ r then
    𝒟 ← 𝒟 ∪ z
  end if
end for
return 𝒟
```

算法 7-6　FindShift( )

```
for i = 1 to K do
  h_i = Learn(𝒯_i)
  h̃_i = Learn(𝒯_i ∪ z)
  e_i = Error(h_i, 𝒬_i)
  ẽ_i = Error(h̃_i, 𝒬_i)
end for
e_ave = Average({e_i})
ẽ_ave = Average({ẽ_i})
return e_ave − ẽ_ave
```

RONI 的第一步是从 $\mathcal{D}_\star$ 中随机采样一个校准数据集 $\mathcal{C}$。接下来，将 $\mathcal{D}_\star - \mathcal{C}$ 数据集划分为 K 个随机采样的训练和测试子集对 $\mathcal{T}_i$ 和 $\mathcal{Q}_i$。然后，将每个 $c \in \mathcal{C}$ 对正确率的平均影响作为基准(因为我们假设是从干净数据 $\mathcal{C}$ 中采样得到的)。接下来，按照 $z \in \mathcal{Z}$ 对
103 所有 $\mathcal{T}_i$(用于训练)和 $\mathcal{Q}_i$(用于评估)对的正确率的平均影响，以相同的方式迭代地给每个 $z \in \mathcal{Z}$ 打分。最后，过滤掉所有和基准相比对学习正确率有相当大(异常)负影响的 z，外部指定的阈值 r 决定了过滤时的保留程度。

7.3　通过修剪优化的鲁棒学习

我们现在以线性回归学习为背景，详细介绍第三种使机器学习对训练数据投毒鲁棒的方法——修剪优化。

我们描述的具体算法实际结合了线性回归和 PCA，完整的算法如算法 7-7 所示。在这一算法中，第一步进行 PCA，第二步使用 PCA 的基 $\boldsymbol{B}$ 学习真实的线性回归。很显然，这两步都需要鲁棒地执行。现在，我们关注步骤 2，假设基 $\boldsymbol{B}$ 计算正确。我们处理 7.4 节中的鲁棒 PCA。

算法 7-7　鲁棒主成分回归

输入：数据集$\mathcal{D}$
$\boldsymbol{B} = \text{findBasis}(\mathcal{D})$
$w = \text{learnLinearRegression}(\mathcal{D}, \boldsymbol{B})$

我们现在规范设置。从有 n 个有标记实例$\langle \boldsymbol{X}_\star, y_\star \rangle$的干净训练数据集 $\mathcal{D}_\star$ 开始，其中 $y_\star \in \mathbb{R}$。该数据集随后受到两种破坏：特征向量被加入噪声，且对手为了误导学习加入了 n_1 个恶意实例(特征向量和标签)。因此，$\alpha=\dfrac{n_1}{n+n_1}$。我们定义 $\gamma=\dfrac{n_1}{n}$为损坏率，即损坏和干净数据的比率。我们假设对手知道有关学习算法的所有信息。学习器的目的是在损坏数据集上学习一个和真实模型相似的模型。我们假设基为 $\boldsymbol{B}$ 的 $\boldsymbol{X}_\star$ 是低秩的，真实模型是关联的低维线性回归。

形式上，如下生成观测训练数据。

1. **真值**：$y_\star = \boldsymbol{X}_\star w^\star = \boldsymbol{U} w_U^\star$，其中 $w^\star$ 是真实模型的权重向量，$w_U^\star$ 是它的低维表示，$\boldsymbol{U}=\boldsymbol{X}_\star \boldsymbol{B}$ 是 $\boldsymbol{X}_\star$ 的低维嵌入。

2. **噪声**：$\boldsymbol{X}_0 = \boldsymbol{X}_\star + \boldsymbol{N}$，其中 $\boldsymbol{N}$ 是$\|\boldsymbol{N}\|_\infty \leqslant \epsilon$ 的噪声矩阵；$y_0 = y_\star + e$，其中 e 是独立同分布的零均值、σ 方差的高斯噪声。

3. **损坏**：为了得到$\langle \boldsymbol{X}, y \rangle$，攻击者加入 n_1 个对抗设计的数据点$\{x_a, y_a\}$，最大限度地扭曲低维线性回归的预测表现。 104

我们现在介绍由 Li 等人[2017]提出的修剪回归算法。为了预测 $\boldsymbol{y}=\boldsymbol{X}_\star w+e$，我们假设 $w_U=\boldsymbol{B}w$。因为 $\boldsymbol{X}_\star = \boldsymbol{U}_\star \boldsymbol{B}$，所以我们将高维空间中 w 的预测问题转变为低维空间中 w_U 的预测问题，这样 $y=\boldsymbol{U}w_U+e$。得到预测值$\widehat{w_U}$后，我们可以将它转变回去得到$\hat{w}=\boldsymbol{B}\,\widehat{w_U}$。注意这类似于标准的主成分回归[Jolliffe，1982]。然而，为了欺骗学习器生成对$\widehat{w_U}$的错误预测，进而对$\hat{w}$的错误预测，对手可能破坏 $\boldsymbol{U}$ 中的 n_1 行。修剪回归算法(算法 7-8)解决了这一问题。

算法 7-8　修剪的主成分回归

输入： $\boldsymbol{X}, \boldsymbol{B}, y$

1. 将$\boldsymbol{X}$投影到$\boldsymbol{B}$张成的空间，得到$U \leftarrow \boldsymbol{X}\boldsymbol{B}^{\mathrm{T}}$
2. 求解下列最小化问题得到 $\widehat{w_U}$：

$$\min_{w_U} \sum_{j=1}^{n} \{(y_i - u_i w_U\}^2,\quad i = 1,\cdots,n+n_1\}_{(j)} \tag{7-2}$$

其中$z_{(j)}$表示序列z中第j小的元素

3. **return** $\widehat{w} \leftarrow \boldsymbol{B}\widehat{w_U}$

直观地，在训练中我们剪掉前 n_1 个最大化观测响应 y_i 和预测响应 $u_i w_U$ 间差别的实例，其中 u_i 为 U 的第 i 行。因为我们知道这些差别的方差很小(即随机噪声 $y - xw^{\star}$ 的方差为 σ)，所以这些对应于最大的差别的实例更可能是对抗的。起初这类修剪优化问题显得很棘手。在 7.5 节中我们描述了一种可伸缩的解决这一问题的方法。

Liu 等人[2017]证明了如下结果。

定理 7.3　假设给定基 $\boldsymbol{B}$。算法 7-8 返回 $\hat{w}$，这样对任何实际值 $h>1$ 和一些常数 c 我们有

$$E_x[(x(\hat{w} - w^{\star}))^2] \leqslant 4\sigma^2\left(1 + \sqrt{\frac{1}{1-\gamma}}\right)^2 \log c \tag{7-3}$$

105　概率至少为 $1 - c \cdot h^{-2}$。

注意我们可以更广泛地使用相似的方法进行鲁棒学习。上面的关键点在于修剪风险函数以去除 n_1 个离群点。这是专门针对无正则项的 l_2 回归损失。我们可以立即考虑这个问题更一般的版本。在这个版本中，我们最小化一个任意的带有损失函数 $l(y, w^{\mathrm{T}}x)$和 l_p 正则项的正则化风险。那么，我们可以考虑解决以下修剪优化问题以达到鲁棒：

$$\min_{w} \sum_{j=1}^{n} \{l(y_i, w^{\mathrm{T}}x_i) + \lambda \|w\|_p^p,\quad i = 1,\cdots,n+n_1\}_{(j)} \tag{7-4}$$

其中 $z_{(j)}$ 为序列 z 中第 j 小的元素。作为一个例子，我们可以将这个方法应用于带有 $l(yw^{\mathrm{T}}x)$形式的损失函数的鲁棒分类。

7.4 鲁棒的矩阵分解

在这一节，我们讨论 Liu 等人[2017]提出的恢复矩阵的低秩子空间的方法。虽然这是一个独立的问题，但是它可以帮助我们解决上述的鲁棒回归问题。

假设如下生成观测和损坏矩阵 $\boldsymbol{X}$。

1. **真值**：$\boldsymbol{X}_\star$ 是基为 $\boldsymbol{B}$ 的真实的低秩矩阵。
2. **噪声**：$\boldsymbol{X}_0=\boldsymbol{X}_\star+\boldsymbol{N}$，其中 $\boldsymbol{N}$ 是满足 $\|\boldsymbol{N}\|_\infty\leqslant\varepsilon$ 的噪声矩阵。
3. **损坏**：为了得到观测矩阵 $\boldsymbol{X}$，攻击者加入 n_1 个对抗设计的行 $\{x_a\}$。

目标是恢复 $\boldsymbol{X}_\star$ 的真实基 $\boldsymbol{B}$。为了方便，令 $\mathcal{O}$ 表示来自 $\boldsymbol{X}_0$ 的 $\boldsymbol{X}$ 中实例的(未知)索引集合，$\mathcal{A}=\{1, \cdots, n+n_1\}-\mathcal{O}$ 为 $\boldsymbol{X}$ 中对抗实例的索引集合。对一个索引集 $\mathcal{I}$ 和矩阵 $\boldsymbol{M}$，$\boldsymbol{M}^{\mathcal{I}}$ 为只包含 $\mathcal{I}$ 中行的子阵，向量也使用相同的符号表示。

7.4.1 无噪子空间恢复

我们首先考虑一种更简单版本的鲁棒子空间恢复问题，其中 $\boldsymbol{N}=0$(即没有随机噪声加入到矩阵 $\boldsymbol{X}_\star$；然而，仍有 n_1 个恶意实例)。在这种情况下，我们知道 $\boldsymbol{X}^{\mathcal{O}}=\boldsymbol{X}_\star$。假设已知 $\mathrm{rank}(\boldsymbol{X}_\star)=k$(或有上限)。目前，我们发现 n_1 上有一个尖锐的阈值 θ，使得只要 $n_1<\theta$，就可以以很大的概率恢复基 $\boldsymbol{B}$。然而如果 $n_1\geqslant\theta$，基不可恢复。为了表示这一阈值，我们定义最大秩为 $k-1$ 的子空间 $\mathrm{MS}_{k-1}(\boldsymbol{X}_\star)$ 的基数为以下问题的最优值：

$$\max_{\mathcal{I}}|\mathcal{I}| \quad \text{s. t.} \quad \mathrm{rank}(\boldsymbol{X}_\star^{\mathcal{I}})\leqslant k-1 \tag{7-5}$$ 106

直观地，对手可以插入 $n_1=n-\mathrm{MS}_{k-1}(\boldsymbol{X}_\star)$ 个实例来组成秩为 k 的子空间，它不能张成 $\boldsymbol{X}_\star$。以下定理证明在这种情况下确实没有学习器可以成功恢复 $\boldsymbol{X}_\star$ 的子空间。

定理 7.4 *如果 $n_1+\mathrm{MS}_{k-1}(\boldsymbol{X}_\star)\geqslant n$，那么存在使任何算法都不能以大于 $\frac{1}{2}$ 的概率恢复基 $\boldsymbol{B}$ 的对手。*

另一方面，当 n_1 低于阈值时，我们可以用算法 7-9 恢复 $\boldsymbol{X}_\star$ 的子空间。

算法 7-9 精确基恢复算法(无噪声)

我们寻找索引集合的子集$\mathcal{I}$,使得$|\mathcal{I}| = n$, $\operatorname{rank}(\boldsymbol{X}^{\mathcal{I}}) = k$
return $\boldsymbol{X}^{\mathcal{I}}$的基

定理 7.5 如果 $n_1 + \mathrm{MS}_{k-1}(\boldsymbol{X}_\star) < n$,那么对任何对手,算法 7-9 都可以恢复 $\boldsymbol{B}$。

定理 7.4 和定理 7.5 给出了精确恢复基的必要和充分条件。可以证明 $\mathrm{MS}_{k-1}(\boldsymbol{X}_\star) \geqslant k-1$。将这一结论与定理 7-4 结合,我们得到以下 γ 的上界。

定理 7.6 如果 $\gamma \geqslant 1 - \frac{k-1}{n}$,那么我们可以成功恢复基 $\boldsymbol{B}$。

7.4.2 处理噪声

我们现在考虑有噪声加入真实矩阵 $\boldsymbol{X}_\star$ 的鲁棒 PCA(基恢复)的问题。很明显,为了在存在恶意噪声的情况下恢复基,我们需要保证即使在没有恶意噪声的情况下问题也能解决。随后施加的充分条件是,$\boldsymbol{X}_\star$ 是以下问题唯一的最优解:

$$\begin{aligned} &\min_{\boldsymbol{X}'} \|\boldsymbol{X}_0 - \boldsymbol{X}'\| \\ &\text{s.t.} \quad \operatorname{rank}(\boldsymbol{X}') \leqslant k \end{aligned} \tag{7-6}$$

注意这个假设是经典 PCA 问题隐含的[Eckart and Young, 1936; Hotelling, 1933; Jolliffe, 2002]。

除非另外说明,我们用$\|\cdot\|$表示 Frobenius 范数。除了以上约束,我们不在加性噪声 $\boldsymbol{N}$ 上加其他限制。我们关注以上问题的最优值,称之为*噪声残差*,表示为 $\mathrm{NR}(\boldsymbol{X}_0) = \boldsymbol{N}$。噪声残差是表征带噪声的精确基恢复的必要和充分条件的关键组成部分。

107 攻击者加入 n_1 个恶意实例后,防御者精确恢复 $\boldsymbol{X}_\star$ 的真实基 $\boldsymbol{B}$ 的能力的表征,来自攻击者误导防御者认为其他的基 $\overline{\boldsymbol{B}}$ 更好地表现 $\boldsymbol{X}_\star$ 的能力。直观地,由于防御者不知道 $\boldsymbol{X}_0$、$\boldsymbol{X}_\star$ 或数据矩阵 $\boldsymbol{X}$ 的哪 n_1 行是对抗的,这个问题归结为识别出对应于正确基的 $n-n_1$ 行的能力(注意,即使使用一些对抗行,也能得到正确的基,因为对手为了规避明确的检测,可能强行将恶意实例与正确基对齐)。如下所示,防御者是否成功取决于噪声残差 $\mathrm{NR}(\boldsymbol{X}_0)$ 和*子阵残差* $\mathrm{SR}(\boldsymbol{X}_0)$ 的关系,$\mathrm{SR}(\boldsymbol{X}_0)$是优化以下问题的值:

$$\min_{\mathcal{I},\overline{\boldsymbol{B}},\boldsymbol{U}} \| \boldsymbol{X}_0^{\mathcal{I}} - \boldsymbol{U}\overline{\boldsymbol{B}} \| \tag{7-7a}$$

$$\text{s. t.} \quad \operatorname{rank}(\overline{\boldsymbol{B}}) = k, \overline{\boldsymbol{B}}\,\overline{\boldsymbol{B}}^{\mathrm{T}} = \boldsymbol{I}_k, \boldsymbol{X}_\star \overline{\boldsymbol{B}}^{\mathrm{T}}\overline{\boldsymbol{B}} \neq \boldsymbol{X}_\star \tag{7-7b}$$

$$\mathcal{I} \subseteq \{1,2,\cdots,n\}, |\mathcal{I}| = n - n_1 \tag{7-7c}$$

我们现在解释以上优化问题。$\boldsymbol{U}$ 和 $\overline{\boldsymbol{B}}$ 分别是$(n-n_1)\times k$ 和 $k\times m$ 的矩阵。这里 $\overline{\boldsymbol{B}}$ 是攻击者“目标”的基。为了方便，我们要求 $\overline{\boldsymbol{B}}$ 正交(即 $\overline{\boldsymbol{B}}\,\overline{\boldsymbol{B}}^{\mathrm{T}}=\boldsymbol{I}_k$，其中 $\boldsymbol{I}_k$ 是 k 维单位阵)。因为只有攻击者成功诱导一个不同于真实 $\boldsymbol{B}$ 的基才算成功，所以我们要求 $\overline{\boldsymbol{B}}$ 不能张成 $\boldsymbol{X}_\star$，这等价于条件 $\boldsymbol{X}_\star\overline{\boldsymbol{B}}^{\mathrm{T}}\overline{\boldsymbol{B}}\neq\boldsymbol{X}_\star$。因此该优化问题寻找 $\boldsymbol{X}_\star$ 的 $n-n_1$ 行，其中 $\mathcal{I}$ 是对应的索引集。目标是最小化 $\boldsymbol{X}_0^{\mathcal{I}}$ 和目标基 $\overline{\boldsymbol{B}}$ 张成的空间的距离(即 $\|\boldsymbol{X}_0^{\mathcal{I}}-\boldsymbol{U}\overline{\boldsymbol{B}}\|$)。

为了理解 $\mathrm{SR}(\boldsymbol{X}_0)$的重要性，考虑恢复 $\boldsymbol{X}_\star$ 的基 $\boldsymbol{B}$ 的算法 7-10。如果优化问题(7-7)的最优目标值 $\mathrm{SR}(\boldsymbol{X}_0)$超过噪声 $\mathrm{NR}(\boldsymbol{X}_0)$，那么防御者可以通过算法 7-10 得到正确的基，因为算法产生了一个比其他基更好的 $\boldsymbol{X}$ 的低秩近似。否则，对手确实有可能诱导错误基的选择。以下定理形式化地表示了这一论点。

定理 7.7 如果 $\mathrm{SR}(\boldsymbol{X}_0)\leqslant\mathrm{NR}(\boldsymbol{X}_0)$，那么没有算法可以以大于$\frac{1}{2}$的概率恢复准确的 $\boldsymbol{X}_\star$ 子空间。如果 $\mathrm{SR}(\boldsymbol{X}_0)>\mathrm{NR}(\boldsymbol{X}_0)$，那么算法 7-10 可以恢复真实的基。 108

算法 7-10 精确基恢复算法

求解以下优化问题，得到 $\mathcal{I}$：

$$\min_{\mathcal{I},\boldsymbol{L}} \|\boldsymbol{X}^{\mathcal{I}} - \boldsymbol{L}\|$$

$$\text{s. t.} \quad \operatorname{rank}(\boldsymbol{L}) \leqslant k, \mathcal{I} \subseteq \{1,\cdots,n+n_1\}, |\mathcal{I}| = n \tag{7-8}$$

return $\boldsymbol{X}^{\mathcal{I}}$的基

7.4.3 高效的鲁棒子空间恢复

考虑公式(7-8)中的目标函数。由于 $\operatorname{rank}(\boldsymbol{L})\leqslant k$，我们重写 $\boldsymbol{L}=\boldsymbol{U}\boldsymbol{B}^{\mathrm{T}}$，其中 $\boldsymbol{U}$ 和 $\boldsymbol{B}$ 的大小分别为 $n\times k$ 和 $m\times k$。因此，我们可以重写公式(7-8)为

$$\min_{\mathcal{I},\boldsymbol{U},\boldsymbol{B}} \|\boldsymbol{X}^{\mathcal{I}} - \boldsymbol{U}\boldsymbol{B}^{\mathrm{T}}\| \quad \text{s. t.} \quad |\mathcal{I}| = n \tag{7-9}$$

等价于

$$\min_{\boldsymbol{U},\boldsymbol{B}} \sum_{j=1}^{n} \{\|x_i - u_i\boldsymbol{B}^{\mathrm{T}}\|,\quad i=1,\cdots,n+n_1\}_{(j)} \tag{7-10}$$

其中 x_i 和 u_i 分别为 $\boldsymbol{X}$ 和 $\boldsymbol{U}$ 的第 i 行。我们用交替最小化(即反复地固定 $\boldsymbol{U}$ 和 $\boldsymbol{B}$ 中的一个而优化另一个的目标函数)来求解公式(7-10)。具体来说，在第 t 次迭代中，我们优化以下两个目标函数：

$$\boldsymbol{U}^{t+1} = \mathrm{argmin}_U \|\boldsymbol{X} - U\,(\boldsymbol{B}^{w})^{\mathrm{T}}\| \tag{7-11}$$

$$\boldsymbol{B}^{t+1} = \mathrm{argmin}_B \sum_{j=1}^{n} \{\|x_i - u_i^{w+1}B^{\mathrm{T}}\|,\quad i=1,\cdots,n+n_1\}_{(j)} \tag{7-12}$$

注意第二步不管子矩阵的限制而计算整个 $\boldsymbol{U}$。这是因为我们需要整个 $\boldsymbol{U}$ 来更新 $\boldsymbol{B}$。关键挑战是每次迭代中计算 $\boldsymbol{B}^{t+1}$，这也是一个修剪优化问题。

7.5　修剪优化问题的高效算法

如上所述，如下所示的修剪优化问题是解决诸如鲁棒回归和鲁棒子空间恢复之类的鲁棒学习问题的一个重要工具。

$$\min_{w} \sum_{j=1}^{n} \{l(y_i, f_w(x_i)),\quad i=1,\cdots,n+n_1\}_{(j)} \tag{7-13}$$

其中 $f_w(x_i)$用参数 w 计算对 x_i 的预测，$l(\cdot,\ \cdot)$为损失函数。可以证明求解这一问题等价于求解以下问题：

$$\begin{aligned}&\min_{w,\tau_1,\cdots,\tau_{n+n_1}} \sum_{i=1}^{n+n_1}\tau_i l(y_i, f_w(x_i))\\ &\text{s.t.}\quad 0\leqslant \tau_i\leqslant 1, \sum_{i=1}^{n+n_1}\tau_i = n\end{aligned} \tag{7-14}$$

我们可以使用交替最小化技术通过交替优化 w 和 τ_i 来解决这一问题。我们在算法 7-11
109 中介绍了这一方法。这一算法迭代地寻找 w 和 τ_1，…，τ_{n+n_1} 的最优值。优化 w 是一个标准的学习问题。优化 τ_1，…，τ_{n+n_1} 时，很容易看出：如果 $l(y_i,\ f_w(x_i))$属于最大的 n 个之一，$\tau_i=1$；否则 $\tau_i=0$。因此，优化 τ_1，…，τ_{n+n_1} 是一个简单的排序步骤。尽管

这一算法不能保证收敛到全局最优，但它在实际应用中通常表现良好[Liu 等，2017]。

算法 7-11　修剪优化

1. 对 $i=1,\cdots,n+n_1$ 随机赋值 $\tau_i \in \{0,1\}$，使得 $\sum_{i=1}^{n+n_1} \tau_i = n$;
2. 优化 $w \leftarrow \arg\min_w \sum_{i=1}^{n+n_1} \tau_i l(y_i, f_w(x_i))$;
3. 计算 rank_i 作为 $l(y_i, f_w(x))$ 的秩，按升序排列;
4. 对 $\text{rank}_i \leqslant n$ 令 $\tau_i \leftarrow 1$，否则 $\tau_i \leftarrow 0$;
5. 如果任意 τ_i 改变，转到第2步;
6. **return** w

7.6　参考文献注释

正如我们在本章开头指出的，设计对数据损坏鲁棒的学习算法的问题已有数十年的研究历史。确实，关于数据中毒有什么新的发现是一个值得研究的问题。主要的区别在于分析的角度不同。首先，我们在第 6 章中解决的如何注入恶意噪声(从算法角度)的问题，最近才引起人们的兴趣。但是关于鲁棒学习的老方法和最近的方法还是有区别的。经典的方法一般假设训练数据中恶意部分所占比例非常小，例如和分类器的正确率相比。最近的算法尝试保证，即使恶意噪声在数据中所占的比例 α 不可忽略也能正常工作。

许多带有恶意噪声的经典学习模型可以追溯到 20 世纪 80 年代中期。最早的模型(我们所知的)是由 Valiant [1985]提出的，随后由 Kearns 和 Li [1993]进行了全面分析。我们将这种算法表示为*数据二次采样*方法，有关*脏噪声*模型的相似算法由 Bshoutya 等人[2002]提出。

许多后续工作表明，权重向量为 $w=\sum_i p_i y_i x_i$ 的线性分类器的变体对少量恶意噪声具有鲁棒性[Kalai 等，2008；Klivans 等，2009；Servedio，2003]。其中 p_i 是数据点 i 的概率(根据已知的实例分布)，y_i 是它的标签，x_i 是特征向量。 110

Klivans 等人[2009]提出了一种相当强大且优雅的离群点去除方法，而 Cretu 等人[2008]提出了基于微模型的离群点检测方法。Barreno 等人[2010]提出的 RONI 算法不仅与微模型密切相关，还与修剪优化有着有趣的联系：这一方法试图利用学习模型的预测误差检测离群点，将那些高误差的点识别为离群点。然而，RONI 有一个重要的局限性，即它假设学习器可接触一部分最初的优质数据。最近 Steinhardt 等人[2017]提出的方法的框架是证明对数据投毒的鲁棒性，很大程度也是基于离群点检测的思想。

鲁棒学习的修剪优化方法在概念上与离群点去除有关(它试图去除关于学习模型的经验损失较高的实例)，但是将离群点去除与学习结合到一个有效的单发过程中。为了解决线性回归[Liu 等，2017；Xu 等，2009a]和线性分类[Feng 等，2014]中带恶意噪声的学习问题，提出了许多基于修剪优化的方法。我们介绍了 Liu 等人[2017]的方法，它和其他方法相比需要更少的假设。

对于我们关注的三类问题，Demontis 等人[2017b]提出了一种有点正交的想法。即使用 l_∞ 正则项的 SVM，增强对投毒攻击的鲁棒性。有趣的是，相同的想法被证实对规避攻击具有鲁棒性。这种攻击中，攻击者的规避代价由 l_1 正则项衡量。

111～112 最后，许多方法考虑了鲁棒 PCA 问题[Liu 等，2017；Xu 等，2012，2013]。我们介绍了 Liu 等人[2017]的方法，相比其他方法这种方法的实验性能更好。

第 8 章

Adversarial Machine Learning

深度学习的攻击和防御

近年来，深度学习引起了巨大的轰动，在从计算机视觉到自然语言处理的各个领域中它都表现出超群的能力[Goodfellow 等，2016]。紧随轰动而来的，是一系列有关深度神经网络对输入上微小的对抗改变的脆弱性的示例。虽然这些示例最初只被认为是鲁棒性测试，而非模拟真实攻击，但是从那时起，对抗的语言被更准确地理解，例如与安全领域有明确的联系。

因为最近出现的对抗深度学习的文献几乎独立于早期的对抗机器学习的研究，且受到很多的独立关注，所以在本章中我们只关注深度学习的攻击和防御。不过，本章的内容是决策时攻击的一个特例和相关防御。换句话说，必须把本章和第 4、5 章的内容紧密联系起来。虽然也有一些对深度学习进行投毒攻击的方法，但在写本书时这些文献都不太成熟，因此我们只在第 6 章的参考文献注释中对它们做了评论。因为在对抗深度学习的文献中，视觉应用(也易于可视化)是最重要的，所以本章也以此为研究背景。

在简短介绍了经典的深度学习模型之后，我们讨论对深度神经网络的(决策时)攻击。首先，我们将这种攻击或对抗样本表示为一般的优化问题。然后我们根据所使用的量化扰动代价的指标，将攻击分为三类，并进行讨论。

1. **l_2-范数攻击**：在这种攻击中，攻击者的目标是最小化对抗和原始图像的平方差。这类攻击一般会在图像上加入非常小的噪声。

2. **l_∞-范数攻击**：这或许是最简单的一种攻击。它的目标是限制或最小化为了达到对手的攻击目标而被扰动的任意像素的值。

3. **l_0-范数攻击**：这类攻击最小化图像中修改像素的数量。

介绍了数字图像中的攻击方法后，我们介绍在物理世界中可行的攻击方法：对抗地修改物理目标，使得它们被处理成数字形式后被错分。

随着深度学习的攻击的出现，也出现了许多缓解这些攻击的方法。我们介绍三种保护深度学习不受决策时攻击的方法。

1. **鲁棒优化**：这是最有理论依据的方法。因为它的目的是直接将鲁棒性嵌入学习中。因此，鲁棒优化理论上可以保证或证明鲁棒性。

2. **再训练**：我们在第 5 章介绍的迭代再训练方法，可直接用于提高深度学习的鲁棒性。

3. **蒸馏**：这是一种启发式的方法，它通过有效地重复调整输出函数来确保梯度不稳定，使基于梯度的攻击更困难。值得注意的是，蒸馏可以被目前的一些攻击方法击破。

8.1 神经网络模型

深度学习使用神经网络学习模型，在生成最终结果前，将输入的特征向量经过一系列称为层的非线性变换。对分类来说，最终结果是所有类上的概率分布；对回归来说，结果是实值预测。使用很多这样的非线性变换层，使得深度学习很深，其中不同层可能计算不同类型的函数。

形式上，特征向量 x 上的深度神经网络 $F(x)$ 是一个复合函数：

$$F(x) = F_n \circ F_{n-1} \circ \cdots \circ F_1(x) \tag{8-1}$$

其中每一层 $F_l(z_{l-1})$ 将一个来自上一层 F_{l-1} 的输出 z_{l-1} 映射为一个向量 z_l：

$$z_l = F_l(z_{l-1}) = g(W_l z_{l-1} + b_l) \tag{8-2}$$

其中 W_l 和 b_l 分别是权重矩阵和偏置向量，$g(\cdot)$ 是非线性函数，例如(分量的) sigmoid $g(a)=\frac{1}{1+e^a}$ 或修正线性单元(Rectified Linear Unit，ReLU) $g(a)=\max(0, a)$。为了简化表示，今后我们将深度神经网络的所有参数整合为一个向量 θ。除非必要，我们也总是省略 $F(x)$ 对 θ 的依赖关系。

在分类问题中，神经网络最后的输出是所有类上的概率分布 p，即对所有类 i，
114 $p_i \geqslant 0$ 且 $\sum_i p_i = 1$。这通常通过将最后一层设计为 softmax 函数来实现。具体来说，

令$Z(x)$为倒数第二层的输出，对每一类 i 该输出是一个实数。每类的最后输出为

$$F_i(x) = p_i = \text{softmax}\,(Z(x))_i = \frac{e^{Z_i(x)}}{\sum_j e^{Z_j(x)}} \tag{8-3}$$

强调这一关系的深度神经网络的结构示意图如图 8-1 所示。最后，预测的类 $f(x)$是概率最大的类，即

$$f(x) = \arg\max_i F_i(x) \tag{8-4}$$

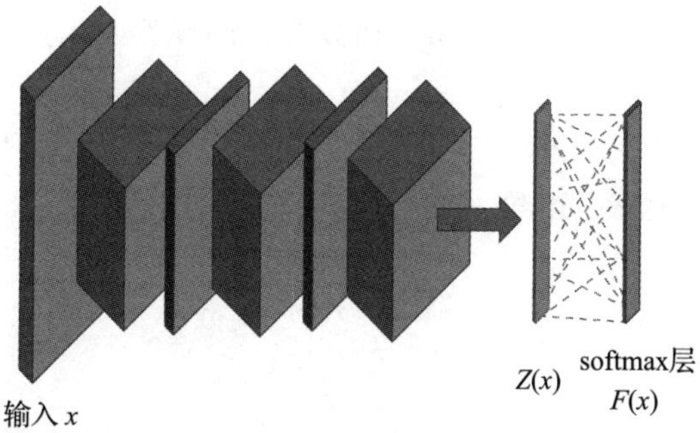

图 8-1　深度神经网络的示意图(见彩插)

在对抗的情况下，要么考虑网络 $F(x)$的概率输出，要么考虑 $F(x)$正下方的 $Z(x)$层。在被 softmax 函数压缩为一个合理的概率分布前，$Z(x)$对每一类都有对应的实值输出。

8.2　对深度神经网络的攻击：对抗样本

我们从白盒攻击开始，即假设攻击者知道深度学习模型的所有信息。随后我们简单介绍黑盒攻击。

一般对深度神经网络的攻击，从一幅原始干净图像 x_0 开始。为了造成错分类，向 x_0 加入噪声 η，生成对抗损坏的图像 x'，x'一般被称为对抗样本。很明显，加入足够的噪声总能造成分类错误。因此，我们要么限制 η 很小，用公式表示就是对外部指定的 ε 的范数约束$\|\eta\| \leqslant \varepsilon$，要么最小化 η 的范数。最常用的量化攻击者加入的噪声量的范数是 l_2(平方差)、l_∞(最大范数)和 l_0(修改的像素数量)。下面我们基于这些范数介绍攻击。

已经有几篇文献给出了攻击者优化问题的公式。最早的是 Szegedy 等人[2013]提出的，目的是最小化加入的对抗噪声 η 的范数，同时满足图像被错分为目标(或不正确的)类 y_T 的约束：

$$\begin{aligned}&\min_{\eta}\|\eta\|\\&\text{s.t.}\quad f(x_0+\eta)=y_T, x_0+\eta\in[0,1]^n\end{aligned}\tag{8-5}$$

其中第二个盒约束(box constraint)要求攻击者生成一幅合理的图像(像素归一化在0和1之间)。在我们的命名法中，这是一种针对性攻击。对应的可靠性攻击将第一个约束替换为 $f(x_0+\eta)\neq y$，即对手试图将图像错分为正确标签 y 以外的任何类。

另一种版本的可靠性攻击是 Goodfellow 等人[2015]提出的，攻击者的目标是最大化构造图像 $x'=x_0+\eta$ 关于分配给 x_0 的真实标签 y 的损失：

$$\max_{\eta:\|\eta\|\leqslant\epsilon} l(F(x_0+\eta),y)\tag{8-6}$$

或者，在相同的框架下，攻击者可以考虑目标类别为 y_T 的针对性攻击，得到以下优化问题：

$$\min_{\eta:\|\eta\|\leqslant\epsilon} \eta l(F(x_0+\eta),y_T)\tag{8-7}$$

或许深度学习中不同攻击方法间最重要的区别在于衡量对抗扰动大小的范数不同。接下来，我们介绍三种范数 l_2、l_∞ 和 l_0 的主要攻击方法。

8.2.1　l_2 范数攻击

在这类攻击中，攻击者最小化扰动的欧几里得(l_2)范数，导致图像错分为目标类别(针对性攻击)或仅仅错分(可靠性攻击)。这类攻击是实践中最有效的攻击之一，并且在一些情况下，它被用作优化其他范数的核心机制。因此我们从这一类攻击开始讨论。

深度学习上最早的 l_2 攻击是 Szegedy 等人[2013]提出的针对性攻击。这种攻击的想法是替换公式(8-5)中难解的问题，使用(平方)l_2 范数量化攻击带来的误差：

$$\min_{\eta} c\ \|\eta\|_2^2 + l(F(x_0+\eta), y_T)$$
$$\text{s. t.}\quad x_0+\eta\in[0,1]n \tag{8-8}$$

116

使用一系列无约束优化(投影到盒约束中)的标准技巧可以解决由此生成的盒约束优化问题。我们可以用线搜索进一步优化系数 c，以找到 l_2 范数最小的对抗样本。

最近 Carlini 和 Wagner [2017]提出的针对性 l_2 攻击(后面称作 CW 攻击)，通过一个更好的目标函数改善了优化算法。

CW 攻击从公式(8-5)中的优化问题出发。第一步通过构造函数 $h(x_0+\eta;\ y_T)$，重新表示挑战性的约束 $f(x_0+\eta)=y_T$，当且仅当 $f(x_0+\eta)=y_T$ 时 $h(x_0+\eta;\ y_T)\leqslant 0$。他们提出了几种 $h(\cdot)$的选择，其中表现最好的是

$$h(x_0+\eta;y_T) = \max\{0,\max_{j\neq y_T} Z(x_0+\eta)_j - Z(x_0+\eta)_{y_T}\} \tag{8-9}$$

事实证明，使用原始 $Z(x)$而非 softmax 过滤的概率分布 $F(x)$或以 $F(x)$为参数的损失函数，能使攻击对某些防御方法(如我们下面介绍的蒸馏防御)更加鲁棒。

CW 攻击的第二步是通过将约束移入目标函数，重新表示修改后的约束优化问题。这类似于 Szegedy 等人的工作，得到：

$$\min_{\eta}\|\eta\|_p^p + c\cdot h(x_0+\eta, y_T) \tag{8-10}$$
$$\text{s. t.}\quad x_0+\eta\in[0,1]^n \tag{8-11}$$

l_2 攻击涉及标准的梯度下降方法。解决盒约束最简单的方法是在梯度下降中包含投影法，将任何中间图像裁剪到[0，1]区间。结果表明，目标函数如上所示的攻击往往有最好的表现[⊖]。最后，在保证攻击成功的同时，选择最小的目标函数的参数 c。CW l_2 攻击的示意图如图 8-2 所示。

另一种被称为 DeepFool 的基于 l_2 范数的攻击，利用神经网络的线性近似[Moosavi-Dezfooli 等，2016a]。与 Szegedy 等人[2013]以及 Carlini 和 Wagner [2017]的攻击

⊖ 有趣的是，在原始的论文中，攻击的主要公式包含另一种选择，通过变量的改变消除对盒约束的要求。然而论文中的结果表明，简单的投影梯度下降往往和我们这里讨论的特定目标函数的变体表现一样好，甚至更好。

相比，DeepFool 实现了可靠性攻击。

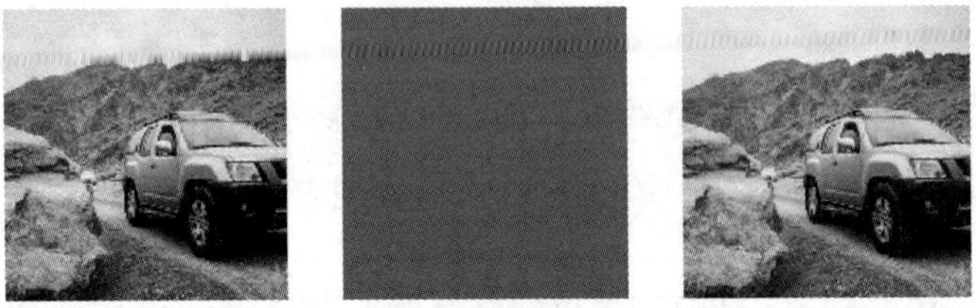

图 8-2　CW l_2 攻击的示意图。左：原始图像(被正确分类为吉普车)。中：(放大的)对抗噪声。右：受到扰动的图像(被错误分类为小货车)(见彩插)

为了理解 DeepFool 攻击，我们从假设分类器 $F(x)$ 为线性的开始，即 $F(x)=$
117 $Wx+b$，和以前一样 $f(x)=\arg\max_i F_i(x)$。在这种情况下，最优的攻击是如下优化问题的解：

$$\begin{aligned}&\min_{\eta}\|\eta\|_2^2\\&\text{s.t.}\quad \exists k:\ w_k^{\mathrm{T}}(x_0+\eta)+b_k\geqslant w_{f(x_0)}^{\mathrm{T}}(x_0+\eta)+b_{f(x_0)}\end{aligned}\tag{8-12}$$

其中 w_k 为 W 的第 k 行，对应于 $F_k(x)=w_kx+b_k$ 的权值向量。我们可以用闭形式表示这一问题的最优解。注意如果存在 k，使得 $F_k(x_0+\eta)-F_{f(x_0)}(x_0+\eta)\geqslant 0$(这里为了攻击者的利益，我们打破平局)，那么攻击者成功。定义 $\widetilde{F}_k(x)=F_k(x)-F_{f(x_0)}(x)$。如果我们进一步定义对应于 $\widetilde{F}_k(x)=0$ 的超平面，那么从 x_0 到该超平面的最短距离为

$$\delta_k=\frac{|\widetilde{F}_k(x_0)|}{\|w_k-w_{f(x_0)}\|_2}\tag{8-13}$$

对应的最优 η_k(沿着正交的单位方向 $\frac{w_k-w_{f(x_0)}}{\|w_k-w_{f(x_0)}\|_2}$ 向超平面移动 δ_k)为

$$\eta_k=\frac{|\widetilde{F}_k(x_0)|}{\|w_k-w_{f(x_0)}\|_2^2}(w_k-w_{f(x_0)})\tag{8-14}$$

因为攻击者的目标是移向所有 k 中最近的 $\widetilde{F}_k(x)=0$(这是实现错分为 $f(x_0)$ 以外的其他类的最简单方法)，所以公式(8-12)中的问题的最优解是，首先选择最近的类

$$k^*=\arg\min_k\delta_k$$

然后设置 $\eta^* = \eta_{k^*}$ 为对类 k^* 的最优位移向量 η_k。

当然，上述想法不能直接应用到如深度神经网络这样的非线性分类器上。然而，DeepFool 以迭代的方式利用这一思路，使用泰勒展开反复地用线性函数近似每个 $F_k(x)$：

$$F_k(x; x_t) \approx F_k(x_t) + \nabla F_k(x_t)^{\mathrm{T}} x \tag{8-15}$$ 118

在这一近似中，对在第 t 次迭代中得到的特定的 x_t，有 $b_k = F_k(x_t)$，$w_k = \nabla F_k(x_t)$。下一次迭代结果 x_{t+1} 计算为

$$x_{t+1} = x_t + \eta_t \tag{8-16}$$

其中 η_t 是如上所述的神经网络函数在前面发现的 x_t 附近的线性近似的最优解。一旦发现 $f(x_t) \neq f(x_0)$，迭代终止，返回 $\eta = \sum_t \eta_t$。

8.2.2 l_∞ 范数攻击

深度学习上最早的可靠性攻击方法是 Goodfellow 等人[2015]提出的快速梯度符号方法(Fast Gradient Sign Method，FGSM)。Goodfellow 等人[2015]的目的是用最大范数的约束，近似解决公式(8-6)中的问题。换句话说，攻击者的目标是通过向原始干净图像 x_0 加入任意噪声 η，并限制 $\|\eta\|_\infty \leqslant \varepsilon$，造成预测误差。

尽管公式(8-6)中的损失最大化问题很难精确求解，但是 FGSM 的关键想法是在 (x_0, y) 附近线性化损失函数，其中 y 是正确的标签，得到

$$\tilde{l}(\eta) = l(F(x_0), y) + \nabla_x l(F(x_0), y)\eta \tag{8-17}$$

线性化函数的最优解为，独立地沿着每个坐标轴，以 ε 最大限度地进行扭曲。对于可靠性攻击，沿着损失梯度的符号方向：

$$\eta^* = \varepsilon \operatorname{sgn}(\nabla_x l(F(x_0), y)) \tag{8-18}$$

这一方法在针对性攻击中也能使用：在这种情况下，最优解为沿关于目标类别 y_T 的损失的相反方向(对应于梯度下降，而不是上升)扭曲每个像素：

$$\eta^* = -\varepsilon\ \mathrm{sgn}(\nabla_x l(F(x_0), y_T)) \tag{8-19}$$

FGSM 攻击的示意图如图 8-3 所示。

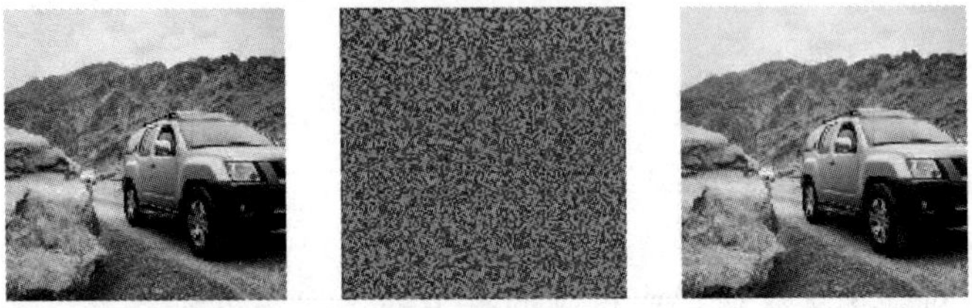

图 8-3 ε=0.004 的 FGSM 攻击的示意图。左：原始图像（被正确分类为吉普车）。中：（放大的）对抗噪声。右：受到扰动的图像（被错误分类为小货车）。注意这种攻击方法加入的噪声与图 8-2 中的 CW l_2 攻击相比大得多（见彩插）

值得注意的是，FGSM 攻击实际上是一种更通用的攻击特例。这种通用的攻击中，对任意 p，我们限制 $\|\eta\|_p \leqslant \varepsilon$[Lyu 等，2015]。在这种情况下，$\eta$ 的最优解可以泛化为

$$\eta^* = \varepsilon\ \mathrm{sgn}(\nabla_x l(F(x_0), y))\left(\frac{|\nabla_x l(F(x_0), y)|}{\|\nabla_x l(F(x_0), y)\|_q}\right) \tag{8-20}$$

其中 l_q 是 l_p 的对偶范数，即

119

$$\frac{1}{p} + \frac{1}{q} = 1$$

FGSM 攻击是一种单步梯度更新的方法。这一方法很高效，但是也限制了攻击者的能力。一个更强大的方法是迭代有效的置信域优化[Conn 等，1987]。我们反复地线性化目标函数，在目前估计值附近的一个小的置信域内优化生成的目标函数，然后更新估计值和置信域。

用公式表示，令 β_t 为更新参数（或在当前估计值附近的关于 l_∞ 范数的置信域）。令 x_t 为第 t 次迭代中修改后的对抗图像（第 0 次迭代从 x_0 开始）。那么对于可靠性攻击

$$x_{t+1} = \mathrm{Proj}_\varepsilon[x_t + \beta_t\ \mathrm{sgn}(\nabla_x l(F(x_t), y))] \tag{8-21}$$

其中 $\mathrm{Proj}_\varepsilon$ 通过裁剪掉任何单维度超过 ε 的修改，将它的参数投影到 $\|x_0 - x_{t+1}\|_\infty \leqslant \varepsilon$ 的可行空间。对应的针对性攻击变体，通过将"+"符号替换为"－"符号实现。这种攻击被称为投影梯度下降（Projected Gradient Descent，PGD）攻击[Madry 等，2018；

Raghunathan 等，2018；Wong and Kolter，2018]，示意图如图 8-4 所示。

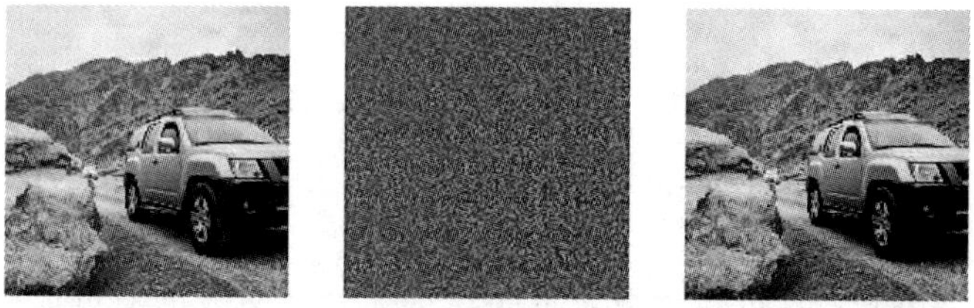

图 8-4 使用八步梯度的迭代 GSM 攻击的示意图。左：原始图像(被正确分类为吉普车)。中：(放大的)对抗噪声。右：受到扰动的图像(被错误分类为小货车)(见彩插) 120

另一种 l_∞ 攻击的变体由 Carlini 和 Wagner [2017]提出。Carlini 和 Wagner 先将 $\|\eta\|_\infty$ 替换为

$$\sum_i \max\{0, \eta_i - \tau\} \tag{8-22}$$

其中 τ 是外部指定的常数，从 1 开始并在每次迭代中衰减。然后，迭代地求解这个问题。对所有 i，如果在给定的迭代中 $\eta_i \leqslant \tau$(即优化问题的代价项为 0)，τ 以系数 0.9 衰减，然后这个过程不断重复。

8.2.3 l_0 范数攻击

我们讨论的最后一类攻击限制攻击者修改像素的数量。最早的基于雅克比行列式的显著图攻击(Jacobian-based Saliency Map Attack，JSMA)(Papernot 等人[2016b]介绍的攻击的一种变体)，目的是最小化图像中为了错分为目标类别 y_T 修改的像素数量，即针对性 l_0 范数攻击。这种攻击从原始图像 x_0 开始，每次贪婪地修改像素对。基于两项指标，由启发式方法指导要修改的 i，j 对的选择：

$$\alpha_{ij} = \frac{\partial Z_{y_T}(x_0)}{\partial x_i} + \frac{\partial Z_{y_T}(x_0)}{\partial x_j} \tag{8-23}$$

和

$$\beta_{ij} = \sum_k \left(\frac{\partial Z_k(x_0)}{\partial x_i} + \frac{\partial Z_k(x_0)}{\partial x_j} \right) - \alpha_{ij} \tag{8-24}$$

其中 y_T 是攻击的目标类。因此，α_{ij} 表示修改像素 i 和 j 对目标类 y_T 的影响，β_{ij} 表示

修改像素 i 和 j 对其他类的影响。由于 y_T 是我们的目标，我们希望 α_{ij} 越大越好，同时 β_{ij} 越小越好。每个 (i, j) 对被分配一个特征得分：

$$s_{ij} = \begin{cases} 0 & \alpha_{ij} < 0 \text{ 或 } \beta_{ij} > 0 \\ -\alpha_{ij}\beta_{ij} & \text{其他} \end{cases} \tag{8-25}$$

攻击选择一个像素对 (i, j) 进行修改，最大化特征 s_{ij}。对应的对可以以不同的方式修改，例如在像素值的离散空间中穷举搜索，或限制在那对像素的基于梯度的优化。

Carlini 和 Wagner [2017]提出了一种不同的完成 l_0 攻击的方法。他们用精心设计的 l_2 攻击作为子程序。在他们的 l_0 攻击中，Carlini 和 Wagner 迭代地使用 l_2 攻击，不断收缩图像的范围。一般的想法是，在每次迭代中，消除对攻击成功最不重要的像素。每次迭代排除一个 $\nabla h(x_0+\eta)_i\eta_i$ 值最小的像素 i，其中 $h(\cdot)$ 是代理目标函数，CW 也
121 将它用在 l_2 攻击上，如 8.2.1 节所述。

8.2.4 物理世界中的攻击

和对抗深度学习文献中的大多数其他攻击一样，目前为止介绍的攻击假设攻击者可以直接接触数字图像，并以任意的方式修改它们。然而，将这些攻击应用于实际时，通常需要修改被拍摄的实际物理目标。

已经有很多关于设计和应用强大的威胁模型对视觉系统进行物理攻击方面的工作。我们简单介绍其中的两种。第一种是 Sharif 等人[2016]提出的，实现了对使用深度神经网络的人脸识别系统(例如生物特征识别)的攻击。在他们的攻击中，攻击者佩戴一副嵌入了对抗噪声的打印出的眼镜框。第二种是 Evtimov 等人[2018]提出的，他们介绍了两种攻击，一种打印出可以覆盖在真实停车标志上的特制的停车标志的海报，另一种打印出看似涂鸦的贴纸。

物理攻击要成功实现，面临着三个额外的挑战。首先，它们必须是不引人注目的。这是一个定义不怎么明确的概念，但目的是描述攻击在成功前被发现的可能性。在常见的对深度学习的对抗样本攻击中，通过最小化或限制扰动的幅度，使得新图像看起来和原始图像一样。上述两种物理攻击，利用了一种更微妙的心理黑客方式，凭借攻击与普通非对抗的行为相似的特点，将攻击隐藏在众目睽睽之下，如涂鸦或

戴眼镜。其次，它们必须说明物理地生成攻击的能力，因为这一攻击将在数字域上优化。这通过在目标函数中设计一个明确衡量打印性能的项来实现。具体来说，上述两种攻击都包含一个非打印性得分(Non-Printability-Score，NPS)项。对给定图像 x，NPS 定义为

$$\text{NPS}(x) = \sum_{i} \prod_{b \in B} |x_i - b| \tag{8-26}$$

其中 i 的范围是图像中的像素，B 是 RGB 空间中可打印的色彩集合。为了进一步改善成功率，Sharif 等人提出构造一个色彩映射，纠正数字和打印色彩的差异。最后，物理目标，如它们在实际视觉应用中所呈现的，允许图像中的真实目标位置变化。成功的攻击必须对这些变化鲁棒。上述两种方法都通过使用同一目标物体的一系列图像 X 解决了这一问题，使得一个扰动 η 在所有或大多数图像上都有效。例如，Sharif 等人提出的针对性攻击的变体，将公式(8-7)改为

$$\min_{\eta} \sum_{x_0 \in X} l(F(x_0 + \eta), y_T) \tag{8-27}$$ 122

8.2.5 黑盒攻击

在第 4 章中，我们分别从理论和实际讨论了黑盒决策时攻击。相似的想法也可以用于对深度神经网络的攻击。例如，有许多关于基于询问的攻击的研究[Bhagoji 等，2017；Papernot 等，2016c，2017]。Papernot 等人[2016c]和 Szegedy 等人[2013]发现了*可迁移性*现象：针对某一模型设计的对抗样本，可用于攻击其他的同一任务的模型(这一现象是在深度学习中发现的，但在其他的机器学习中也同样存在)。可迁移性具体表现在以下方面：(a)当模型在不同但相关的数据集上训练时(我们在第 4 章中说的*代理数据*)；(b)当代理模型用从目标模型的询问中收集到的数据进行训练时；(c)当使用不同于目标模型的算法(代理算法)时(例如训练和攻击深度神经网络，使它生成攻击逻辑回归模型的对抗样本)。

8.3 使深度学习对对抗样本鲁棒

发现深度神经网络的脆弱性后，很自然地，人们展开了防御攻击的研究。我们现在介绍其中几个主要的对抗环境下鲁棒的深度学习方法。这一节中，我们使用 $F(x,$

θ)显式表示深度学习模型对其参数 θ 的依赖关系，我们试图学习参数 θ 使得模型具有对抗的鲁棒性。

8.3.1 鲁棒优化

回顾第5章，鲁棒学习问题等价于对抗风险最小化问题，其中目标函数描述了对手对特征向量的修改。令 $\mathcal{A}(x, \theta)$为返回特征向量 x'的对抗模型，x'为给定输入 x 和一系列(深度神经网络)模型参数 θ 的对抗样本。如果我们假设训练数据集 $\mathcal{D}$ 中所有实例都可能引起对抗行为，那么对抗经验风险最小化问题变成了

123 $$\sum_{i \in \mathcal{D}} l(F(\mathcal{A}(x_i;\theta),\theta), y_i) \tag{8-28}$$

使用公式(8-28)中的零和博弈松弛条件(上界)，我们得到学习对抗鲁棒深度神经网络问题的鲁棒优化表示

$$\min_{\theta} \sum_{i \in \mathcal{D}} \max_{\eta: \|\eta\| \leqslant \epsilon} l(F(x_i + \eta, \theta), y_i) \tag{8-29}$$

我们限制攻击对原图像的修改不超过 ϵ，ϵ 是某种目标范数。这一用于推理对抗鲁棒深度学习的鲁棒优化框架被证实非常有效。它还催生了三种鲁棒深度学习方法。

1. **对抗正则化**：也被称为对抗训练，使用最坏情况下的损失函数关于图像中的小变化的近似值作为正则项。
2. **鲁棒梯度下降**：学习鲁棒深度神经网络过程中使用最坏情况下的损失函数梯度。
3. **被证明的鲁棒性**：使用最坏情况下损失函数上的凸上界的梯度学习鲁棒深度网络。

接下来，我们简单介绍这三种方法。为了简便，我们定义最坏情况下的损失函数为

$$l_{\mathrm{wc}}(F(x,\theta), y) = \max_{\eta: \|\eta\| \leqslant \epsilon} l(F(x + \eta, \theta), y) \tag{8-30}$$

对抗正则化

上述鲁棒优化方法的问题是可能过于保守，因为在大多数情况下对手不会主动操

作图像。一般的鲁棒优化方法概括为明确平衡原始非对抗图像上的正确率和对对抗样本的鲁棒性：

$$\min_{\theta} \sum_{i \in \mathcal{D}} [\alpha l(F(x_i;\theta), y_i) + (1-\alpha) l_{\mathrm{wc}}(F(x_i, \theta), y_i)] \tag{8-31}$$

其中 α 是平衡这两项性能的外部参数。我们可以将 $l_{\mathrm{wc}}(F(x, \theta), y)$项看作对抗正则化。

一般对抗正则化（训练）只适用于简化的攻击模型，例如梯度符号攻击。特别地，考虑 8.2.2 节中 FGSM 的泛化，攻击者受到更一般的 l_p 范数$\|\eta\|_p \leqslant \varepsilon$ 约束。在这种情况下，可以用泰勒展开将对抗正则化问题转变为

$$\min_{\theta} \sum_{i \in \mathcal{D}} [\alpha l(F(x_i;\theta), y_i) + (1-\alpha) \|\nabla_x l(F(x_i;\theta), y_i)\|_q] \tag{8-32}$$ 124

其中 l_q 是 l_p 的对偶范数，我们插入公式(8-20)中的最优攻击 η^*。

公式(8-32)表明，基于鲁棒优化思想的正则化有一个有趣的结构：它等价于正则化基于损失函数的梯度幅度。直观上，它有一定的吸引力：很大的梯度意味着模型在小扰动下更不稳定(因为 x 中的小变化可以造成输出的巨大变化)。正则化梯度应该改善对对抗样本的鲁棒性。另一方面，这个正则化与众不同，因为它依赖于具体的实例 x，而一般的正则项都依赖于模型参数 θ。

鲁棒梯度下降

对抗正则化本质上包含了一种近似学习器面对的鲁棒优化问题的启发式方法。后退一步，我们可能注意到，原则上，使用标准的随机梯度下降方法计算最坏情况下的损失函数 $l_{\mathrm{wc}}(F(x, \theta), y)$的梯度，足以训练一个鲁棒的深度神经网络。然而，这个损失函数不是处处可导的。而且，包含在计算最坏情况下损失函数中的优化问题本身是难解的，意味着计算它的梯度也是很有挑战的。

然而，Madry 等人[2018]发现，应用鲁棒优化的重要结论，可以近似计算梯度，并将它用于实际的梯度下降训练过程。Madry 等人得到如下 Danskin 在鲁棒优化中的经典结论[Danskin，1967]的推论。

命题 8.1(Madry 等人) 令(x, y)为任意的特征向量和标签对，假设η^*是$\max_{\eta \mid \|\eta\|_p \leq \epsilon} l(F(x+\eta, \theta), y)$的最优解。那么，只要$\eta^*$非零，$-\nabla_\theta l(F(x+\eta^*, \theta), y)$就是$l_{wc}(F(x, \theta), y)$的下降方向。

命题 8.1 的结论是，在随机梯度下降中，当我们考虑数据点(x, y)和目前的参数估计值θ时，对最坏情况下的损失η^*，我们可以利用任何最优解处损失函数的梯度进行下一步梯度下降。值得注意的是，Madry 等人发现，实践中，即使是对最坏情况下的损失函数的高质量近似最优解，如 8.2.2 节中的 PGD，似乎也足以训练鲁棒的深度神经网络[⊖]。

被证明的鲁棒性

原则上，鲁棒梯度下降相比更简单的对抗正则化方法是一个进步，但是它仍然是启发式的。即使它有强大的经验支撑，也不能保证鲁棒性。最近出现了几种方法，既
125 可以对特定类别的对抗扰动的鲁棒性获得证明或保证，还可以训练神经网络以最小化对抗风险的可证明的上界[Raghunathan 等，2018；Wong and Kolter，2018]。

被证明的鲁棒性背后的关键思想是得到最坏情况下损失函数的可处理上界$J(x, y, \theta)$：

$$l_{wc}(F(x,\theta),y) \leqslant J(x,y,\theta)$$

Raghunathan 等人[2018]以及 Wong 和 Kolter [2018]都通过两步做到这一点：(1)得到计算$l_{wc}(F(x, \theta), y)$的优化问题的凸松弛；(2)使用这个凸优化问题的对偶。这两种方法的关键点在于，对偶问题的任何可行解都能在原始问题上产生一个上界，反过来是最坏情况下的损失函数的上界，且两者都选择了特定的可行解。

我们基于 Wong 和 Kolter [2018]的方法进行说明，该方法假设神经网络使用 ReLU 激活函数。第一步是使用一系列线性不等式放松 ReLU 激活函数$b=\max\{0, a\}$：

$$b \geqslant 0, b \geqslant a, -ua + (u-l)b \geqslant -ul$$

其中u和l分别是激活值的上下界。通过这种松弛，最坏情况下的损失函数上界的计

⊖ 值得注意的是，这种方法在随机梯度下降中的应用，本质上是再训练的随机梯度下降变体的一个特例，参见后面对 Li 和 Vorobeychik [2018]的介绍。

算可以表示为有许多参数的线性规划。通过线性规划的强对偶性，线性规划的对偶解也是最坏情况下的损失函数的上界。此外，任何可行解仍生成上界。因此，通过固定一部分对偶变量的值，Wong 和 Kolter [2018]设计了计算最坏情况下的损失函数的上界 $J(x, y, \theta)$的线性算法。值得注意的是，这个上界 $J(x, y, \theta)$是关于 θ 可导的，且可被用作随机梯度下降方法的一部分来训练鲁棒的深度神经网络。Wong 和 Kolter [2018]提出的完整算法(包括 ReLU 激活单元的上下界的推导)相当复杂，推荐想了解技术细节的读者阅读原文。

8.3.2 再训练

正如我们提到过的，本章介绍的对深度学习的攻击是决策时攻击的特例。因此，5.3.2 节中介绍的迭代再训练的通用防御方法直接适用。我们可以迭代训练神经网络，根据任意攻击模型生成对抗样本攻击它，将它们加入训练数据，然后重复这一过程。这一迭代再训练方法的重要优势在于，它不知道用于生成对抗样本的算法。与之相反，基于鲁棒优化的方法都假设攻击是可靠性攻击，这导致解(或鲁棒性证明)在实际中太保守。 126

8.3.3 蒸馏

蒸馏是一种训练深度神经网络的启发式方法，最早被用于知识从复杂到简单模型的迁移(本质是压缩)。Papernot 等人[2016a]提出蒸馏可以让深度神经网络对对抗噪声更鲁棒。

蒸馏法的工作机制如下。

1. 从原始训练数据集 $D=\{x_i, y_i\}$开始，其中标签 y_i 被编码为一位有效向量(即除了对应 x_i 的真实类别的位置为 1 外，其他位置全为 0)。

2. 将一个深度神经网络 softmax 层的 softmax 函数替换为以下函数后进行训练：

$$F_i(x) = \frac{e^{Z_i(x)/T}}{\sum_j e^{Z_j(x)/T}}$$

其中 T 是外部选择的温度参数。

3. 创建新数据集 $D'=\{x_i, y_i'\}$，其中 $y_i'=F(x_i)$是之前训练的神经网络返回的软

(概率)类别标签。

4. 使用和第一个神经网络相同的温度参数 T，在新数据集 D' 上训练一个新的深度神经网络。

5. 从最后一层(softmax 层)消除温度 T(即在测试时设置 $T=1$，以比例 T 减少 softmax 项，由此增加预测类概率的敏锐性)后，使用再训练的神经网络。

虽然防御蒸馏被证实对一些攻击非常有效，如 FGSM 和 JSMA(在实验中将 JSMA 的 $Z_i(x)$ 替换为 $F_i(x)$，见 Carlini 和 Wagner [2017])，但不久 CW 攻击便被证实能有效地击破蒸馏法。Carlini 和 Wagner 提供的关键想法是，蒸馏之所以对原始设计的攻击有效，是因为温度参数将 $Z_i(x)$ 放大了，一旦将 T 设为 1，就将造成非常尖锐的类预测，以至于梯度变得不稳定。但是如果攻击者使用最后一个隐含层的值 $Z(x)$，梯度再次变得正常。

8.4　参考文献注释

随着 Szegedy 等人[2013]论文的发表，有关深度学习中对抗样本的论文大量涌现。这些论文的主要目的是指出，尽管深度学习模型在基准图像数据集上有着最好
127 的表现，但是它们对一些形式的图像上的“搅乱”是非常脆弱的。例如，有人证明，可以设计出人类无法识别而被深度学习模型可靠地分为目标类的图像。此外，他们还展示了引入少量对抗噪声的影响。紧跟着最初的证明，一系列论文提出了攻击的变体。

如上所述，根据使用的衡量引入图像的噪声量的范数不同，攻击方法大致分三类。最早的 l_2 范数攻击是 Szegedy 等人[2013]提出的，先后被 Moosavi-Dezfooli 等人[2016b]、Carlini 和 Wagner [2017](也提出了 l_0 和 l_∞ 范数攻击)改进。在最早的 l_2 范数攻击发表之后，其中几位作者很快提出了简单的 FGSM l_∞ 攻击方法[Goodfellow 等，2015]。FGSM 的想法是使用一阶泰勒展开近似攻击者想要优化的损失函数。随后，这一思想被 Lyu 等人[2015]拓展到其他 l_p 范数攻击。

虽然大多数论文中攻击深度神经网络的方法是白盒攻击，即假设攻击者已知深度学习模型，但是也有一些工作表明了对抗样本可迁移性的现象，使有效黑盒攻击成为可能[Papernot 等，2016c，2017；Szegedy 等，2013]。高层次的观察发现，对一个深

度神经网络的频繁攻击，对其他经过训练的解决相同预测问题的神经网络也有效。

关于攻击深度神经网络的论文中，值得注意的两个问题是：(1)设计对多个图像同时有效的对抗噪声；(2)物理世界中的攻击，它们的数字表示被输入深度神经网络后造成错误预测。Moosavi-Dezfooli 等人[2017]解决了第一个问题，他提出了一种攻击方法，该攻击方法生成单一对抗噪声，将该噪声加入所有图像后，成功造成最先进的深度神经网络错分。这一攻击的成功是非常令人吃惊的，因为人们以前怀疑过这种普适的对抗扰动的可能性。有多项工作都解决了第二个问题。我们前面讨论过一种，Sharif 等人[2016]表明特别设计的打印眼镜框可以击破基于人脸识别和视频检测技术的认证方法。另一种本章前面讨论的方法是，Evtimov 等人[2018]表明为了欺骗深度学习的交通标志分类器，在物理世界对抗扰动也可以鲁棒地完成。另一项相关工作是，Kurakin 等人[2016]表明，即使打印出图像后重新数字化，对抗扰动也是存在的。

防御对抗扰动攻击的深度学习等同于开发更鲁棒的深度神经网络模型的技术。一个考虑鲁棒学习的自然框架是鲁棒优化，其中学习器希望最小化 ϵ 球(根据某种 l_p 范数计算，这里是 l_∞ 范数)中任意扰动的最坏情况下的损失函数。 128

最早讨论深度学习上 l_2 攻击的论文是 Szegedy 等人[2013]发表的。其中也提出了一种简单的通过迭代再训练实现的防御方法。随后 Goodfellow 等人[2015]提出了 FGSM 攻击，将对抗正则化(也叫对抗训练)作为解。这一思想被 Lyu 等人[2015]极大推广。不久之后，网络安全界继续研究这个问题，并提出蒸馏作为防御[Papernot 等，2016a]。但很快蒸馏被 Carlini 和 Wagner [2017]击破，并被视为无效。尽管如此，这一想法还是使得 Madry 等人[2018]、Raghunathan 等人[2018]以及 Wong 和 Kolter [2018]将鲁棒深度学习公式化为鲁棒优化。有趣的是，将决策时攻击下的对抗鲁棒学习与鲁棒优化联系起来的思想至少比这早十年。例如，Teo 等人[2007]已经考虑用和 Xu 等人[2009b]一样的鲁棒优化方法进行不变性学习。Xu 等人[2009b]展示了线性支持向量机中鲁棒学习和正则化的等价性。无论如何，鲁棒优化被证实是一个非常有效的联系，因为它推动了两个进步：第一，Madry 等人[2018]使用 Danskin 理论，直接将随机梯度下降应用于鲁棒学习公式(使用最坏情况下的损失函数)。随后，Raghunathan 等人[2018]、Wong 和 Kolter [2018]提出了不同的松弛条件和对偶方法来证明鲁棒模型的鲁棒性和基于梯度的学习。Raghunathan 等人[2018]将半定规划作为核心工具，但这种方法目前仅限于两层神经网络。Wong 和 Kolter [2018]依靠 ReLU 激活函数的凸多面松弛条件，通过求解线性规划得到最优的最坏情况下的损失函数的上界，适用于任意基于 ReLU 的深度网络。尽管目前这两种方法都不能处理真实的图像数据集，但它们仍极大地推动了对鲁棒深度学习的思考。

在本章中，我们没有详细讨论的一些最新的防御对抗样本的深度学习的启发式方法，包含一种异常检测形式[Rouhani 等，2017]。它使用层级的最近邻集合来设计预测的置信度衡量[Papernot and McDaniel，2018]。这两个方面本质上都在采取措施解
129~130 决一个尚未引起太多关注的重要问题：根据新实例与训练数据分布的相似性来确定预测的置信度。

未来之路

本书概述了对抗机器学习领域。很明显，我们遗漏了一些重要的问题，其中一部分是我们为了简化说明而故意省略的，另外的部分则是我们无意中忽视的。近年来，人们对攻击深度学习方法的关注，使得这一领域变得非常活跃。尽管我们只拿出一章来介绍对抗深度学习，但需要强调的是，正确理解对抗深度学习需要广泛地了解本书其他章节中的对抗学习内容。

在这最后一章，我们简单展望对抗机器学习的未来。我们将从鲁棒优化这一活跃的研究问题入手。这一问题中，鲁棒优化是决策时攻击（例如对抗样本）中鲁棒学习的方法。

9.1 超出鲁棒优化的范围

鲁棒优化已经成为决策时攻击中表示鲁棒学习问题的主要方法。毫无疑问，这一方法具有很多突出的优势。这些优势中最重要的或许是对鲁棒性的保证或证明：如果我们获得了期望的鲁棒误差 e，那么我们能保证任何类型的对抗操作都不能给我们的模型造成超过 e 的平均误差。虽然这一鲁棒学习问题不易大规模求解，但是我们可以预见到技术进步使其至少在某些实际领域中具有实用性。这里，我们讨论鲁棒优化方法的概念限制。

鲁棒优化的主要限制在于它产生了过于保守的解。这是由几个原因造成的。第一，鲁棒学习的公式最大化学习器的损失函数。然而，损失函数通常是真实学习目标的上界。例如，在二元分类中，可认为理想的损失函数是 0/1 损失。0/1 损失指的是，如果预测的类正确返回 0，否则返回 1。然而，实际中使用 0/1 损失的凸松弛，如铰链损失。此外，可解性通常需要超过这一上界的最坏情况下的损失函数的上界，使得最后的上界不太可能是学习器试图求解的真实优化问题的紧上界。上界思想的优点在于，它的保证是保守的：对上界的鲁棒性保证直接转移到对原始问题的鲁棒性保证。然而这里需要考虑两点：(1)这可能造成非对抗数据甚至是对抗数据上不必要的性能下降；(2)如果由此得到的对抗风险的界限不是紧界限，那么它们可能
131 在实际中没什么价值。

除了上面强调的问题，鲁棒学习的保守也体现在攻击者的目标函数可能是特定的错分类上。拿停车标志来说：如果将它错分为限速标志而不是让行或禁入标志，可能更令人担心(对抗上更重要)。

这些问题不应该成为我们在解决鲁棒学习问题时淘汰鲁棒优化方法的理由。正相反，我们的目标是鼓励研究其他解决对抗学习问题的方法。一种方法是将对抗学习问题视为 Stackelberg 博弈，如第 5 章所述。通过这种方法，我们考虑另一种对抗模型，它虽然可能更适用于某个感兴趣的特定威胁模型，但目标仍然是产生最好的学习方法。虽然鲁棒优化是零和博弈(即极小-极大)模型的特例，但零和博弈不应该是考虑的唯一方法。

虽然目前为止讨论仅限于决策时攻击问题，但是一些考虑也适用于投毒攻击。目前大多数方法的目的是，对训练数据的任意修改具有鲁棒性(当然受一些预算限制，例如可以投毒的数据比例的上界)。事实上，这看起来过于保守：如果攻击者谨慎地向数据投毒，他们不太可能对任意的数据投毒(如果他们可以接触到任意的数据，他们也可能对所有数据投毒)，且如果数据有多个不可靠的来源，攻击者不太可能危害所有数据。因此，一个重要的研究方向是如何捕获数据可能受到毒害的结构。这种结构的一个示例是，当训练数据来自多个数据来源时，一部分数据来源被攻击。最近，Hajaj 和 Vorobeychik [2018]将这种结构建模为对抗任务分配问题(不特定于机器学习)。同样，数据可能来自多个传感器。一部分传感器受到威胁时，用它们收集到的数据可能被任意投毒。不管哪种情况，这样的结构可能考虑到用更好的算法技术来解决实际的鲁棒学习问题，如利用检测恶意数据源的方法[Wang 等，2014]。

9.2　不完全信息

将防御攻击的学习问题表示成学习器和攻击者之间的博弈，提出了另一个研究方向：对玩家拥有的关于双方的不完全信息建模。有两类不完全信息：攻击者拥有的关

于学习系统的信息(对学习器来说完全已知)和学习器拥有的有关攻击者的信息，如攻击者的目标函数和攻击者拥有的信息(例如攻击者能接触的代理数据)。在鲁棒学习方法的发展中，几乎没有方法尝试对不完全信息建模。唯一的例子是 Grosshans 等人
[2013]提出的，他们只考虑不同数据点攻击者的相对值的不确定性，而没有考虑其他 132
方面。考虑黑盒攻击中攻击者可接触的信息的问题，是将鲁棒学习建模为不完全信息的博弈(或贝叶斯博弈)时面临的一个挑战。假设攻击者不确定学习器使用什么数据，且学习器使用数据来决定使用什么特征。如果攻击者学习了一些学习器使用的特征，原则上他们可以使用这些信息推断训练数据集的信息。然而，构造这一情况的模型是非平凡的，更不要说求解这一博弈。

9.3 预测的置信度

求解预测的置信度是统计学中的基本问题。然而，这一问题在机器学习中没有得到充分研究。机器学习中预测往往是*点预测*，并没有相关的置信度。当然，即使是常见的概率预测，例如经典的深度神经网络产生的预测，本质上也是点预测。因为它们不必反映特定预测的经验支持。Papernot 和 McDaniel [2018]证明了这是对抗样本成功的主要原因，可以说本质上是使学习的模型脱离其“舒适区”。Papernot 和 McDaniel 提出的方法可被视为转导保形预测(Transductive Conformal Prediction，TCP)的一个例子，这是一种获得特定预测的置信度和预测分布的通用方法。它也是基于经验支持的[Vovk 等，2005]。另一种看待置信度的方法是，给定训练数据的前提下考虑一个特定的输入是多么不寻常或异常。

当然，给预测分配置信度是不够的：还必须评估最合理的预测应该是什么，或者当模型非常不确定应该分配什么标签时选择性地拒绝进行预测。很明显，这些问题比对抗学习更一般，但肯定是对抗学习的重要方面，因为样本空间的低置信域通常展现了学习中的很多脆弱性。

9.4 随机化

随机化是安全领域的重要工具，也是对这些问题进行博弈论建模的基本部分[Tambe，2011]。有趣的是，很少有人尝试将随机化引入对抗学习。其中一种我们在

第5章讨论的，只适用于二元特征空间的二元分类问题。一般将随机化用于预测的挑战在于：一方面，它可能降低在非对抗数据上的表现；另一方面，人们可能设计出鲁
100 棒攻击，击败随机化模型的所有可能的实现形式。

9.5 多个学习器

决策时攻击和投毒攻击几乎都假设只有一个目标学习系统。事实上，攻击的目标通常是由多个目标有机体组成的学习器生态系统。例如，垃圾邮件制造者通常以所有垃圾邮件过滤器为目标，许多组织使用公共的恶意软件数据集开发恶意软件检测的机器学习方法。有趣的是，很少有人研究攻击多学习器的问题，或存在对抗威胁时学习主体如何共同选择学习。我们这里介绍两个例外。第一个是 Stevens 和 Lowd [2013] 的工作，他们提出了关于规避一系列线性二元分类器的计算复杂度的问题。第二个是 Tong 等人[2018b]最近的工作，他们研究了由一系列学习模型和使用决策时攻击的攻击者引起的博弈。后者的工作可被看作是多防御者安全博弈[Smith 等，2017]的例子，博弈是根据线性回归模型的参数 w。攻击者对回归输入的变换的选择，目的是攻击所有模型的组合。更正式的表述是，这是一个学习器共同决定模型参数 w_i，随后攻击者选择最好的攻击的两阶段多领导 Stackelberg 博弈。这两项工作虽然是这方面工作的第一步，但是留下了许多研究机会。其中最重要的可能是将这些方法推广到非线性模型上。

9.6 模型和验证

我们最后讨论建模和验证。和更广泛的安全性中一样，对抗机器学习中的中心问题是对抗建模。以决策时攻击为例。一般来说，对手被建模成一系列特征的修改(如图像中的像素)，要么限制修改的程度(一般通过 l_p 距离衡量)，要么将修改代价纳入攻击者的目标函数。很明显，这是非常程式化的。例如，对手一般不会修改像素级别的图像，而是修改随后被拍摄到图像上的物理物体。此外，修改可能包含轻微的空间变换，造成大的标准 l_p 范数值，但对人类来说这些修改无法察觉[Xiao 等，2018]。另一个例子是，试图规避检测的恶意软件编写者不直接操作从恶意软件中提

取的特征，而是操作恶意软件代码。因此机器学习上攻击的标准程式化模型的科学
验证问题是固有的。到目前为止，只有 Tong 等人[2018a]尝试严格地研究这一问
题，他们研究了对抗规避的传统特征空间模型的验证，即假设对手可以直接修改恶 134
意软件特征的模型。尽管通过证明特征空间模型很难表征对抗行为，并通过拓展这
种模型以改善它们的验证，有助于解释这个问题，但是验证问题仍是对抗机器学习
面临的主要研究挑战。 135

参考文献

Scott Alfeld, Xiaojin Zhu, and Paul Barford. Data poisoning attacks against autoregressive models. In *AAAI Conference on Artificial Intelligence*, 2016. 42, 43, 51[⊖]

Scott Alfeld, Xiaojin Zhu, and Paul Barford. Explicit defense actions against test-set attacks. In *AAAI Conference on Artificial Intelligence*, 2017. 75

Martin Anthony and Peter L. Bartlett. *Neural Network Learning: Theoretical Foundations*. Cambridge University Press, 1999. DOI: 10.1017/cbo9780511624216. 9

Martin Anthony and Peter L. Bartlett. *Neural Network Learning: Theoretical Foundations*. Cambridge University Press, 2009. DOI: 10.1017/cbo9780511624216. 16, 51

Marco Barreno, Blaine Nelson, Russell Sears, Anthony D. Joseph, and J. D. Tygar. Can machine learning be secure? In *ACM Asia Conference on Computer and Communications Security*, pages 16–25, 2006. DOI: 10.1145/1128817.1128824. 24, 50

Marco Barreno, Blaine Nelson, Anthony D. Joseph, and J. D. Tygar. The security of machine learning. *Machine Learning*, 81:121–148, 2010. DOI: 10.1007/s10994-010-5188-5. 24, 25, 102, 103, 111

Dimitri P. Bertsekas and John N. Tsitsiklis. *Neuro-Dynamic Programming*. Optimization and Neural Computation, Athena Scientific, 1996. DOI: 10.1007/0-306-48332-7_333. 17

Arjun Nitin Bhagoji, Warren He, Bo Li, and Dawn Song. Exploring the space of black-box attacks on deep neural networks. *Arxiv Preprint, ArXiv:1712.09491*, 2017. 123

Alexy Bhowmick and Shyamanta M. Hazarika. E-mail spam filtering: A review of techniques and trends. *Advances in Electronics, Communication and Computing*, 2018. DOI: 10.1007/978-981-10-4765-7_61. 10

B. Biggio, B. Nelson, and P. Laskov. Support vector machines under adversarial label noise. In *Proc. of the Asian Conference on Machine Learning*, pages 97–112, 2011. 96

Battista Biggio and Fabio Roli. Wild patterns: Ten years after the rise of adversarial machine learning. *ArXiv:1712.03141*, 2018. 23, 25

Battista Biggio, Blaine Nelson, and Pavel Laskov. Poisoning attacks against support vector machines. In *International Conference on Machine Learning*, 2012. 82, 96

Battista Biggio, Igino Corona, Davide Maiorca, Blaine Nelson, Nedim Srndic, Pavel Laskov, Giorgio Giacinto, and Fabio Roli. Evasion attacks against machine learning at test time. In *European Conference on Machine Learning and Knowledge Discovery in Databases*, pages 387–402, 2013. DOI: 10.1007/978-3-642-40994-3_25. 25, 50

Battista Biggio, Samuel Rota Bulo, Ignazio Pillai, Michele Mura, Eyasu Zemene Mequanint, Marcello Pelillo, and Fabio Roli. Poisoning complete-linkage hierarchical clustering. In *Structural, Syntactic, and Statistical Pattern Recognition*, 2014a. DOI: 10.1007/978-3-662-44415-3_5. 85, 97

⊖ 此页码是指英文原书页码，与书中页边标注的页码一致。——编辑注

Battista Biggio, Giorgio Fumera, and Fabio Roli. Security evaluation of pattern classifiers under attack. *IEEE Transactions on Knowledge and Data Engineering*, 26(4):984–996, 2014b. DOI: 10.1109/tkde.2013.57. 50, 85, 97

Christopher M. Bishop. *Pattern Recognition and Machine Learning*. Information Science and Statistics, Springer, 2011. 8, 16, 55

Mariusz Bojarski, Davide Del Testa, Daniel Dworakowski, Bernhard Firner, Beat Flepp, Prasoon Goyal, Lawrence D. Jackel, Mathew Monfort, Urs Muller, Jiakai Zhang, Xin Zhang, Jake Zhao, and Karol Zieba. End to end learning for self-driving cars. *ArXiv:1604.07316*, 2016. 9

Craig Boutilier, Thomas Dean, and Steve Hanks. Decision-theoretic planning: Structural assumptions and computational leverage. *Journal of Artificial Intelligence Research*, 11(1):94, 1999. 17

Craig Boutilier, Richard Dearden, and Moisés Goldszmidt. Stochastic dynamic programming with factored representations. *Artificial Intelligence*, 121(1):49–107, 2000. DOI: 10.1016/s0004-3702(00)00033-3. 17

Michael Brückner and Tobias Scheffer. Stackelberg games for adversarial prediction problems. In *ACM SIGKDD International Conference on Knowledge Discovery and Data Mining*, pages 547–555, 2011. DOI: 10.1145/2020408.2020495. 63, 74

Michael Brückner and Tobias Scheffer. Static prediction games for adversarial learning problems. *Journal of Machine Learning Research*, (13):2617–2654, 2012. 74

Nader H. Bshoutya, Nadav Eironb, and Eyal Kushilevitz. PAC learning with nasty noise. *Theoretical Computer Science*, 288:255–275, 2002. DOI: 10.1016/s0304-3975(01)00403-0. 96, 110

Jian-Feng Cai, Emmanuel Candès, and Zuowei Shen. A singular value thresholding algorithm for matrix completion. *SIAM Journal on Optimization*, 20(4):1956–1982, 2010. DOI: 10.1137/080738970. 12, 91

Emmanuel Candès and Ben Recht. Exact matrix completion via convex optimization. *Foundations of Computational Mathematics*, 9(6):717–772, 2007. DOI: 10.1007/s10208-009-9045-5. 12, 17, 91

N. Carlini and D. Wagner. Towards evaluating the robustness of neural networks. In *IEEE Symposium on Security and Privacy*, pages 39–57, 2017. DOI: 10.1109/sp.2017.49. 39, 51, 117, 121, 127, 128, 129

Gert Cauwenberghs and Tomaso Poggio. Incremental and decremental support vector machine learning. In *Neural Information Processing Systems*, pages 409–415, 2001. 82

D. H. Chau, C. Nachenberg, J. Wilhelm, A. Wright, and C. Faloutsos. Polonium: Tera-scale graph mining and inference for malware detection. In *SIAM International Conference on Data Mining*, 2011. DOI: 10.1137/1.9781611972818.12. 10

Zhilu Chen and Xinming Huang. End-to-end learning for lane keeping of self-driving cars. In *IEEE Intelligent Vehicles Symposium*, 2017. DOI: 10.1109/ivs.2017.7995975. 9

Andrew R. Conn, Nicholas I. M. Gould, and Philippe L. Toint. *Trust-Region Methods*. Society for Industrial and Applied Mathematics, 1987. DOI: 10.1137/1.9780898719857. 120

Gabriela F. Cretu, Angelos Stavrou, Michael E. Locasto, Salvatore J. Stolfo, and Angelos D. Keromytis. Casting out demons: Sanitizing training data for anomaly sensors. In *IEEE Symposium on Security and Privacy*, pages 81–95, 2008. DOI: 10.1109/sp.2008.11. 102, 111

Nilesh Dalvi, Pedro Domingos, Mausam, Sumit Sanghai, and Deepak Verma. Adversarial classification. In *SIGKDD International Conference on Knowledge Discovery and Data Mining*, pages 99–108, 2004. DOI: 10.1145/1014052.1014066. 34, 36, 50, 74

J. M. Danskin. *The Theory of Max-Min and its Application to Weapons Allocation Problems*. Springer, 1967. DOI: 10.1007/978-3-642-46092-0. 125

Ronald De Wolf. A brief introduction to Fourier analysis on the Boolean cube. *Theory of Computing, Graduate Surveys*, 1:1–20, 2008. DOI: 10.4086/toc.gs.2008.001. 72

A. Demontis, M. Melis, B. Biggio, D. Maiorca, D. Arp, K. Rieck, I. Corona, G. Giacinto, and F. Roli. Yes, machine learning can be more secure! A case study on android malware detection. In *IEEE Transactions on Dependable and Secure Computing*, 2017a. DOI: 10.1109/tdsc.2017.2700270. 75

Ambra Demontis, Battista Biggio, Giorgio Fumera, Giorgio Giacinto, and Fabio Roli. Infinity-norm support vector machines against adversarial label contamination. In *Italian Conference on Cybersecurity*, pages 106–115, 2017b. 111

Carl Eckart and Gale Young. The approximation of one matrix by another of lower rank. *Psychometrika*, 1(3):211–218, 1936. DOI: 10.1007/bf02288367. 107

Ivan Evtimov, Kevin Eykholt, Earlence Fernandes, Tadayoshi Kohno, Bo Li, Atul Prakash, Amir Rahmati, and Dawn Song. Robust physical-world attacks on deep learning visual classification. *Conference on Computer Vision and Pattern Recognition*, 2018. 21, 122, 128

Jiashi Feng, Huan Xu, Shie Mannor, and Shuicheng Yan. Robust logistic regression and classification. In *Neural Information Processing Systems*, vol. 1, pages 253–261, 2014. 111

Prahlad Fogla and Wenke Lee. Evading network anomaly detection systems: Formal reasoning and practical techniques. In *ACM Conference on Computer and Communications Security*, pages 59–68, 2006. DOI: 10.1145/1180405.1180414. 50

Prahlad Fogla, Monirul Sharif, Roberto Perdisci, Oleg Kolesnikov, and Wenke Lee. Polymorphic blending attacks. In *USENIX Security Symposium*, 2006. 28, 50

Drew Fudenberg and David K. Levine. *The Theory of Learning in Games*. Economic Learning and Social Evolution, MIT Press, 1998. 74

Rainer Gemulla, Erik Nijkamp, Peter J. Haas, and Yannis Sismanis. Large-scale matrix factorization with distributed stochastic gradient descent. In *SIGKDD International Conference on Knowledge Discovery and Data Mining*, pages 69–77, 2011. DOI: 10.1145/2020408.2020426. 17

James E. Gentle. *Matrix Algebra: Theory, Computations, and Applications in Statistics*. Springer Texts in Statistics, Springer, 2007. DOI: 10.1007/978-0-387-70873-7. 17

Ian Goodfellow, Yoshua Bengio, and Aaron Courville. *Deep Learning*, chapter 14. MIT Press, 2016. http://www.deeplearningbook.org/contents/autoencoders.html 113

Ian J Goodfellow, Jonathon Shlens, and Christian Szegedy. Explaining and harnessing adversarial examples. In *International Conference on Learning Representations*, 2015. 68, 116, 119, 128, 129

Kathrin Grosse, Nicolas Papernot, Praveen Manoharan, Michael Backes, and Patrick McDaniel. Adversarial perturbations against deep neural networks for malware classification. In *European Symposium on Research in Computer Security*, 2017. 74

Michael Grosshans, Christoph Sawade, Michael Brückner, and Tobias Scheffer. Bayesian games for adversarial regression problems. In *International Conference on International Conference on Machine Learning*, pages 55–63, 2013. 42, 51, 73, 75, 132

Claudio Guarnieri, Alessandro Tanasi, Jurriaan Bremer, and Mark Schloesser. Cuckoo sandbox: A malware analysis system, 2012. `http://www.cuckoosandbox.org/` 30

Carlos Guestrin, Daphne Koller, Ronald Parr, and Shobha Venkataraman. Efficient solution algorithms for factored MDPS. *Journal of Artificial Intelligence Research*, 19:399–468, 2003. 17

Chen Hajaj and Yevgeniy Vorobeychik. Adversarial task assignment. In *International Joint Conference on Artificial Intelligence*, to appear, 2018. 132

S. Hanna, L. Huang, E. Wu, S. Li, C. Chen, and D. Song. Juxtapp: A scalable system for detecting code reuse among android applications. In *International Conference on Detection of Intrusions and Malware, and Vulnerability Assessment*, pages 62–81, 2013. DOI: 10.1007/978-3-642-37300-8_4. 13

Moritz Hardt, Nimrod Megiddo, Christos Papadimitriou, and Mary Wootters. Strategic classification. In *Proc. of the ACM Conference on Innovations in Theoretical Computer Science*, pages 111–122, 2016. DOI: 10.1145/2840728.2840730. 50

Trevor Hastie, Robert Tibshirani, and Jerome Friedman. *The Elements of Statistical Learning: Data Mining, Inference, and Prediction*, 2nd ed. Springer Series in Statistics, Springer, 2016. DOI: 10.1007/978-0-387-84858-7. 16

Klaus-U. Hoffgen, Hans-U. Simon, and Kevin S. Van Horn. Robust trainability of single neurons. *Journal of Computer and System Sciences*, 50(1):114–125, 1995. DOI: 10.1006/jcss.1995.1011. 48

Holger H. Hoos and Thomas Stützle. *Stochastic Local Search: Foundations and Applications*. The Morgan Kaufmann Series in Artificial Intelligence, Morgan Kaufmann, 2004. DOI: 10.1016/B978-1-55860-872-6.X5016-1. 40

Harold Hotelling. Analysis of a complex of statistical variables into principal components. *Journal of Educational Psychology*, 24(6):417, 1933. DOI: 10.1037/h0070888. 107

Matthew Jagielski, Alina Oprea, Battista Biggio, Chang Liu, Cristina Nita-Rotaru, and Bo Li. Manipulating machine learning: Poisoning attacks and countermeasures for regression learning. In *IEEE Symposium on Security and Privacy*, 2018. 98

Prateek Jain, Praneeth Netrapalli, and Sujay Sanghavi. Low-rank matrix completion using alternating minimization. In *STOC*, 2013. DOI: 10.1145/2488608.2488693. 12

Ian Jolliffe. *Principal Component Analysis*. Wiley Online Library, 2002. DOI: 10.1002/9781118445112.stat06472 . 107

Ian T. Jolliffe. A note on the use of principal components in regression. *Applied Statistics*, pages 300–303, 1982. DOI: 10.2307/2348005. 105

Jeff Kahn, Gil Kalai, and Nathan Linial. The influence of variables on Boolean functions. In *Foundations of Computer Science, 29th Annual Symposium on*, pages 68–80, IEEE, 1988. DOI: 10.1109/sfcs.1988.21923. 72

Adam Kalai, Adam R. Klivans, Yishai Mansour, and Rocco A. Servedio. Agnostically learning halfspaces. *SIAM Journal on Computing*, 37(6):1777–1805, 2008. DOI: 10.1137/060649057. 110

Murat Kantarcioglu, Bowei Xi, and Chris Clifton. Classifier evaluation and attribute selection against active adversaries. *Data Mining and Knowledge Discovery*, 22(1–2):291–335, 2011. https://doi.org/10.1007/s10618--010-0197-3 DOI: 10.1007/s10618-010-0197-3. 74

Alex Kantchelian, J. D. Tygar, and Anthony D. Joseph. Evasion and hardening of tree ensemble classifiers. In *International Conference on Machine Learning*, 2016. 74

Michael Kearns and Ming Li. Learning in the presence of malicious errors. *SIAM Journal on Computing*, 22(4):807–837, 1993. DOI: 10.1137/0222052. 96, 99, 110

Hans Kellerer, Ulrich Pferschy, and David Pisinger. *Knapsack Problems*. Springer, 2004. DOI: 10.1007/978-3-540-24777-7. 37

Adam R. Klivans, Philip M. Long, and Rocco A. Servedio. Learning halfspaces with malicious noise. *Journal of Machine Learning Research*, 10:2715–2740, 2009. DOI: 10.1007/978-3-642-02927-1_51. 99, 100, 101, 110

Marius Kloft and Pavel Laskov. Security analysis of online centroid anomaly detection. *Journal of Machine Learning Research*, 13:3681–3724, 2012. 13, 16, 86, 97

Pang Wei Koh and Percy Liang. Understanding black-box predictions via influence functions. In *International Conference on Machine Learning*, 2017. 97

Alexey Kurakin, Ian J. Goodfellow, and Samy Bengio. Adversarial examples in the physical world. *CoRR*, abs/1607.02533, 2016. http://arxiv.org/abs/1607.02533 128

A. Lakhina, M. Crovella, and C. Diot. Diagnosing network-wide traffic anomalies. In *SIGCOMM Conference*, 2004. DOI: 10.1145/1030194.1015492. 14, 16

Bertrand Lebichot, Fabian Braun, Olivier Caelen, and Marco Saerens. A graph-based, semi-supervised, credit card fraud detection system. In *International Workshop on Complex Networks and their Applications*, 2016. DOI: 10.1007/978-3-319-50901-3_57. 10

Bo Li and Yevgeniy Vorobeychik. Feature cross-substitution in adversarial classification. In *Neural Information Processing Systems*, pages 2087–2095, 2014. 50, 74

Bo Li and Yevgeniy Vorobeychik. Scalable optimization of randomized operational decisions in adversarial classification settings. In *Conference on Artificial Intelligence and Statistics*, 2015. 69, 72, 73, 75

Bo Li and Yevgeniy Vorobeychik. Evasion-robust classification on binary domains. *ACM Transactions on Knowledge Discovery from Data*, 12(4):Article 50, 2018. DOI: 10.1145/3186282. 56, 59, 68, 74, 125

Bo Li, Yining Wang, Aarti Singh, and Yevgeniy Vorobeychik. Data poisoning attacks on factorization-based collaborative filtering. In *Neural Information Processing Systems*, pages 1885–1893, 2016. 17, 87, 89, 91, 97

Chang Liu, Bo Li, Yevgeniy Vorobeychik, and Alina Oprea. Robust linear regression against training data poisoning. In *Workshop on Artificial Intelligence and Security*, 2017. DOI: 10.1145/3128572.3140447. 99, 105, 106, 110, 111

Daniel Lowd and Christopher Meek. Adversarial learning. In *ACM SIGKDD International Conference on Knowledge Discovery in Data Mining*, pages 641–647, 2005a. DOI: 10.1145/1081870.1081950. 25, 37, 48, 50, 51

Daniel Lowd and Christopher Meek. Good word attacks on statistical spam filters. In *Conference on Email and Anti-Spam*, 2005b. 3

Chunchuan Lyu, Kaizhu Huang, and Hai-Ning Liang. A unified gradient regularization family for adversarial examples. In *IEEE International Conference on Data Mining*, pages 301–309, 2015. DOI: 10.1109/icdm.2015.84. 119, 128, 129

Aleksander Madry, Aleksandar Makelov, Ludwig Schmidt, Dimitris Tsipras, and Adrian Vladu. Towards deep learning models resistant to adversarial attacks. In *International Conference on Learning Representations*, 2018. 120, 125, 129

S. Martello and P. Toth. *Knapsack Problems: Algorithms and Computer Implementations*. John Wiley & Sons, 1990. 37

Garth P. McCormick. Computability of global solutions to factorable nonconvex programs: Part i—convex underestimating problems. *Mathematical Programming*, 10(1):147–175, 1976. DOI: 10.1007/bf01580665. 58

Shike Mei and Xiaojin Zhu. Using machine teaching to identify optimal training-set attacks on machine learners. In *AAAI Conference on Artificial Intelligence*, pages 2871–2877, 2015a. 93, 94, 97

Shike Mei and Xiaojin Zhu. The security of latent Dirichlet allocation. In *International Conference on Artificial Intelligence and Statistics*, pages 681–689, 2015b. 97

German E. Melo-Acosta, Freddy Duitama-Munoz, and Julian D. Arias-Londono. Fraud detection in big data using supervised and semi-supervised learning techniques. In *IEEE Colombian Conference on Communications and Computing*, 2017. DOI: 10.1109/colcomcon.2017.8088206. 10

John D. Montgomery. Spoofing, market manipulation, and the limit-order book. *Technical Report*, Navigant Economics, 2016. http://ssrn.com/abstract=2780579 DOI: 10.2139/ssrn.2780579. 3

Seyed-Mohsen Moosavi-Dezfooli, Alhussein Fawzi, and Pascal Frossard. DeepFool: A simple and accurate method to fool deep neural networks. In *Conference on Computer Vision and Pattern Recognition*, pages 2574–2582, 2016a. DOI: 10.1109/cvpr.2016.282. 117

Seyed-Mohsen Moosavi-Dezfooli, Alhussein Fawzi, and Pascal Frossard. Deepfool: A simple and accurate method to fool deep neural networks. In *IEEE Conference on Computer Vision and Pattern Recognition*, pages 2574–2582, 2016b. DOI: 10.1109/cvpr.2016.282. 128

Seyed-Mohsen Moosavi-Dezfooli, Alhussein Fawzi, Omar Fawzi, and Pascal Frossard. Universal adversarial perturbations. In *IEEE Conference on Computer Vision and Pattern Recognition*, pages 1765–1773, 2017. DOI: 10.1109/cvpr.2017.17. 128

Nagarajan Natarajan, Inderjit S. Dhillon, Pradeep Ravikumar, and Ambuj Tewari. Learning with noisy labels. In *Proc. of the 26th International Conference on Neural Information Processing Systems*, vol. 1, pages 1196–1204, 2013. 96

Blaine Nelson, Benjamin I. P. Rubinstein, Ling Huang, Anthony D. Joseph, and J. D. Tygar. Classifier evasion: Models and open problems. In *Privacy and Security Issues in Data Mining and Machine Learning—International ECML/PKDD Workshop*, pages 92–98, 2010. DOI: 10.1007/978-3-642-19896-0_8. 50

Blaine Nelson, Benjamin I. P. Rubinstein, Ling Huang, Anthony D. Joseph, Steven J. Lee, Satish Rao, and J. D. Tygar. Query strategies for evading convex-inducing classifiers. *Journal of Machine Learning Research*, pages 1293–1332, 2012. 25, 48, 50

Jorge Nocedal and Stephen Wright. *Numerical Optimization*, 2nd ed. Springer Series in Operations Research and Financial Engineering, Springer, 2006. DOI: 10.1007/b98874. 36, 40

Ryan O'Donnell. Some topics in analysis of Boolean functions. In *ACM Symposium on Theory of Computing*, pages 569–578, 2008. DOI: 10.1145/1374376.1374458. 72

N. Papernot, P. McDaniel, X. Wu, S. Jha, and A. Swami. Distillation as a defense to adversarial perturbations against deep neural networks. In *IEEE Symposium on Security and Privacy*, pages 582–597, 2016a. DOI: 10.1109/sp.2016.41. 127, 129

Nicolas Papernot and Patrick McDaniel. Deep k-nearest neighbors: Towards confident, interpretable and robust deep learning. *Arxiv Preprint, ArXiv:1803.04765*, 2018. 129, 133

Nicolas Papernot, Patrick McDaniel, Somesh Jha, Matt Fredrikson, Z. Berkay Celik, and Ananthram Swami. The limitations of deep learning in adversarial settings. In *IEEE European Symposium on Security and Privacy*, 2016b. DOI: 10.1109/eurosp.2016.36. 121

Nicolas Papernot, Patrick D. McDaniel, and Ian J. Goodfellow. Transferability in machine learning: From phenomena to black-box attacks using adversarial samples. *Arxiv*, preprint, 2016c. 50, 123, 128

Nicolas Papernot, Patrick McDaniel, Ian Goodfellow, Somesh Jha, Z. Berkay Celik, and Ananthram Swami. Practical black-box attacks against machine learning. In *ACM Asia Conference on Computer and Communications Security*, pages 506–519, 2017. DOI: 10.1145/3052973.3053009. 123, 128

R. Perdisci, D. Ariu, and G. Giacinto. Scalable fine-grained behavioral clustering of http-based malware. *Computer Networks*, 57(2):487–500, 2013. DOI: 10.1016/j.comnet.2012.06.022. 13

Aditi Raghunathan, Jacob Steinhardt, and Percy Liang. Certified defenses against adversarial examples. In *International Conference on Learning Representations*, 2018. 120, 126, 129

Anand Rajaraman and Jeffrey David Ullman. *Mining of Massive Datasets*. Cambridge University Press, 2012. DOI: 10.1017/cbo9781139058452. 1

Bita Darvish Rouhani, Mohammad Samragh, Tara Javidi, and Farinaz Koushanfar. Curtail: Characterizing and thwarting adversarial deep learning. *Arxiv Preprint, ArXiv:1709.02538*, 2017. 129

Benjamin I. P. Rubinstein, Blaine Nelson, Ling Huang, Anthony D. Joseph, Shing hon Lau, Satish Rao, Nina Taft, and J. D. Tygar. ANTIDOTE: Understanding and defending against poisoning of anomaly detectors. In *Internet Measurement Conference*, 2009. DOI: 10.1145/1644893.1644895. 86, 97

Paolo Russu, Ambra Demontis, Battista Biggio, Giorgio Fumera, and Fabio Roli. Secure kernel machines against evasion attacks. In *Proc. of the ACM Workshop on Artificial Intelligence and Security*, pages 59–69, 2016. DOI: 10.1145/2996758.2996771. 67, 75

Rocco A. Servedio. Smooth boosting and learning with malicious noise. *Journal of Machine Learning Research*, 4:633–648, 2003. DOI: 10.1007/3-540-44581-1_31. 110

Mahmood Sharif, Sruti Bhagavatula, Lujo Bauer, and Michael K. Reiter. Accessorize to a crime: Real and stealthy attacks on state-of-the-art face recognition. In *ACM*

SIGSAC Conference on Computer and Communications Security, pages 1528–1540, 2016. DOI: 10.1145/2976749.2978392. 122, 128

Andrew Smith, Jian Lou, and Yevgeniy Vorobeychik. Multidefender security games. *IEEE Intelligent Systems*, 32(1):50–60, 2017. 134

C. Smutz and A. Stavrou. Malicious PDF detection using metadata and structural features. In *Annual Computer Security Applications Conference*, pages 239–248, 2012. DOI: 10.1145/2420950.2420987. 10, 29

Suvrit Sra and Inderjit S. Dhillon. Generalized nonnegative matrix approximations with Bregman divergences. In *Neural Information Processing Systems*, pages 283–290, 2006. 17

N. Šrndic and P. Laskov. Practical evasion of a learning-based classifier: A case study. In *IEEE Symposium on Security and Privacy*, pages 197–211, 2014. DOI: 10.1109/sp.2014.20. 25, 29

Nedim Šrndić and Pavel Laskov. Hidost: A static machine-learning-based detector of malicious files. *EURASIP Journal on Information Security*, (1):22, 2016. DOI: 10.1186/s13635-016-0045-0. 10

Robert St. Aubin, Jesse Hoey, and Craig Boutilier. Apricodd: Approximate policy construction using decision diagrams. In *NIPS*, pages 1089–1095, 2000. 17

Jacob Steinhardt, Pang Wei Koh, and Percy Liang. Certified defenses for data poisoning attacks. In *Neural Information Processing Systems*, 2017. 111

David Stevens and Daniel Lowd. On the hardness of evading combinations of linear classifiers. In *ACM Workshop on Artificial Intelligence and Security*, 2013. DOI: 10.1145/2517312.2517318. 134

Octavian Suciu, Radu Marginean, Yigitcan Kaya, Hal Daume III, and Tudor Dumitras. When does machine learning FAIL? Generalized transferability for evasion and poisoning attacks. In *USENIX Security Symposium*, 2018. 25, 98

Richard S. Sutton and Andrew G. Barto. *Reinforcement Learning: An Introduction*. Adaptive Computation and Machine Learning, A Bradford Book, 1998. 14, 16

Christian Szegedy, Wojciech Zaremba, Ilya Sutskever, Joan Bruna, Dumitru Erhan, Ian J. Goodfellow, and Rob Fergus. Intriguing properties of neural networks. In *International Conference on Learning Representations*, 2013. 116, 117, 123, 127, 128, 129

Milind Tambe, Ed. *Security and Game Theory: Algorithms, Deployed Systems, Lessons Learned.* Cambridge University Press, 2011. DOI: 10.1017/cbo9780511973031. 56, 69, 75, 133

Acar Tamersoy, Kevin Roundy, and Duen Horng Chau. Guilt by association: Large scale malware detection by mining file-relation graphs. In *SIGKDD International Conference on Knowledge Discovery and Data Mining*, 2014. DOI: 10.1145/2623330.2623342. 10

Choon Hai Teo, Amir Globerson, Sam Roweis, and Alexander J. Smola. Convex learning with invariances. In *Neural Information Processing Systems*, 2007. 66, 74, 129

Liang Tong, Bo Li, Chen Hajaj, Chaowei Xiao, and Yevgeniy Vorobeychik. A framework for validating models of evasion a acks on machine learning, with application to PDF malware detection. *Arxiv Preprint, ArXiv:1708.08327v3*, 2018a. 134

Liang Tong, Sixie Yu, Scott Alfeld, and Yevgeniy Vorobeychik. Adversarial regression with multiple learners. In *International Conference on Machine Learning*, to appear, 2018b. 134

Leslie Valiant. Learning disjunctions of conjunctions. In *International Joint Conference on Artificial Intelligence*, pages 560–566, 1985. 110

Vladimir Vapnik. *The Nature of Statistical Learning Theory*, 2nd ed. Information Science and Statistics, Springer, 1999. DOI: 10.1007/978-1-4757-3264-1. 16

Yevgeniy Vorobeychik and Bo Li. Optimal randomized classification in adversarial settings. In *International Conference on Autonomous Agents and Multiagent Systems*, pages 485–492, 2014. 51

Vladimir Vovk, Alex Gammerman, and Glenn Shafer. *Algorithmic learning in a random world*. Springer Verlag, 2005. 133

Gang Wang, Tianyi Wang, Haitao Zheng, and Ben Y. Zhao. Man vs. machine: Practical adversarial detection of malicious crowdsourcing workers. In *USENIX Security Symposium*, pages 239–254, 2014. 132

Ke Wang, Janak J. Parekh, and Salvatore J. Stolfo. Anagram: A content anomaly detector resistant to mimicry attack. In *Recent Advances in Intrusion Detection*, pages 226–248, 2006. DOI: 10.1007/11856214_12. 14

Max Welling and Yee W. Teh. Bayesian learning via stochastic gradient Langevin dynamics. In *Proc. of the 28th International Conference on Machine Learning (ICML-11)*, pages 681–688, 2011. 93

Eric Wong and J. Zico Kolter. Provable defenses against adversarial examples via the convex outer adversarial polytope. In *International Conference on Machine Learning*, 2018. 120, 126, 129

Chaowei Xiao, Jun-Yan Zhu, Bo Li, Warren He, Mingyan Liu, and Dawn Song. Spatially transformed adversarial examples. In *International Conference on Learning Representations*, 2018. 134

Han Xiao, Huang Xiao, and Claudia Eckert. Adversarial label flips attack on support vector machines. In *European Conference on Artificial Intelligence*, 2012. DOI: 10.3233/978-1-61499-098-7-870. 80, 96

Huang Xiao, Battista Biggio, Blaine Nelson, HanXiao, Claudia Eckert, and Fabio Roli. Support vector machines under adversarial label contamination. *Neurocomputing*, 160:53–62, 2015. DOI: 10.1016/j.neucom.2014.08.081. 96

Huan Xu, Constantine Caramanis, and Shie Mannor. Robust regression and lasso. In *Neural Information Processing Systems 21*, pages 1801–1808, 2009a. DOI: 10.1109/tit.2010.2048503. 111

Huan Xu, Constantine Caramanis, and Shie Mannor. Robustness and regularization of support vector machines. *Journal of Machine Learning Research*, 10:1485–1510, 2009b. 67, 75, 129

Huan Xu, Constantin Caramanis, and Sujay Sanghavi. Robust PCA via outlier pursuit. *IEEE Transactions on Information Theory*, 58(5):3047–3064, 2012. DOI: 10.1109/tit.2011.2173156. 111

Huan Xu, Constantin Caramanis, and Shie Mannor. Outlier-robust PCA: The high-dimensional case. *IEEE Transactions on Information Theory*, 59(1):546–572, 2013. DOI: 10.1109/tit.2012.2212415. 111

Weilin Xu, Yanjun Qi, and David Evans. Automatically evading classifiers: A case study on PDF malware classifiers. In *Network and Distributed System Security Symposium*, 2016. DOI: 10.14722/ndss.2016.23115. 30, 47, 50

Yanfang Ye, Tao Li, Donald Adjeroh, and S. Sitharama Iyengar. A survey on malware detection using data mining techniques. *ACM Computing Surveys*, 50(3), 2017. DOI: 10.1145/3073559. 10

F. Zhang, P. P. K. Chan, B. Biggio, D. S. Yeung, and F. Roli. Adversarial feature selection against evasion attacks. *IEEE Transactions on Cybernetics*, 2015. DOI: 10.1109/tcyb.2015.2415032. 50

Yan Zhou and Murat Kantarcioglu. Modeling adversarial learning as nested stackelberg games. In *Advances in Knowledge Discovery and Data Mining—20th Pacific-Asia Conference, PAKDD, Proceedings, Part II*, pages 350–362, Auckland, New Zealand, April 19–22, 2016. https://doi.org/10.1007/978--3-319-31750-2_28 DOI: 10.1007/978-3-319-31750-2_28. 75

Yan Zhou, Murat Kantarcioglu, Bhavani M. Thuraisingham, and Bowei Xi. Adversarial support vector machine learning. In *ACM SIGKDD International Conference on Knowledge Discovery and Data Mining*, pages 1059–1067, 2012. DOI: 10.1145/2339530.2339697. 51, 74

索　引

索引中的页码为英文原书页码，与书中页边标注的页码一致。

A

ACRE learnability(ACRE 可学习性)，48

adversarial empirical risk(对抗经验风险)，54

adversarial empirical risk minimization(对抗经验风险最小化)，54

alternating minimization(交替最小化)，12

anomaly detection(异常检测)，13-14

B

bag-of-words representation(词袋表示)，1，33

black-box attack(黑盒攻击)，22-23

black-box decision-time attacks(黑盒决策时攻击)，45-50

C

centroid anomaly detection(质心异常检测)，13

poisoning attack(投毒攻击)，86

CG，见 coordinate greedy

classification(分类)，7-8

classifier reverse engineering(分类器逆向工程)，48-49

clustering(聚类)，10-11

coordinate greedy(坐标贪心)，36

cost function(代价函数)，32

D

decision-time attack(决策时攻击)，27-50

decision-time attacks(决策时攻击)

on autoregressive models(自回归模型)，42-44

on clustering(聚类)，40-41

on regression(回归)，41-44

on reinforcement learning(强化学习)，44-45

deep learning(深度学习)

attack on deep learning(对深度学习的攻击)，113-123

defense(防御)，123-127

E

empirical risk(经验风险)，6

empirical risk minimization(经验风险最小化)，6

ERM，见 coordinate greedy

evasion attack(规避攻击)，20-21，27-40，45-50

evasion attack(规避攻击)

on anomaly detectors(异常检测器)，40

on binary classifiers(二元分类器)，32-38

on multiclass classifiers(多类分类器)，38-40

evasion defense(规避防御)，53-74

approximate(近似)，65

classification(分类)，56-67，69

free-range attacks(自由范围攻击)，60-61

randomization(随机化)，69-73

regression(回归)，73-74

restrained attacks(受限攻击)，62-63

sparse SVM(稀疏 SVM)，56-60

F

factored representation(因子化表示)，16

feature cross-substitution(特征交叉替换)，33

free-range attack(自由范围攻击)，35

G

Gaussian Mixture Model(高斯混合模型)，11

H

hinge loss(铰链损失)，8

I

ideal instance(理想实例)，32

iterative retraining(迭代再训练)，见 retraining

K

k-means clustering (*k* 均值聚类)，10

L

linear classification(线性分类)，8

linear regression(线性回归)，6

logistic loss(逻辑损失)，8

loss function(损失函数)，6

M

Markov decision process(马尔可夫决策过程)，14

matrix completion(矩阵填充)，11-12

poisoning attack(投毒攻击)，87-93

mimicry(模仿)，92-93

MDP，见 Markov decision process

minimum cost camouflage(最小代价伪装)，34，36-37

multi-class classification(多类分类)，8

N

nuclear-norm minimization(核范数最小化)，12

P

PAC learning (PAC 学习)，8-9

PCA，见 principal component analysis

poisoning attack(投毒攻击)，86-87

PCA-based anomaly detectors(基于 PCA 的异常检测器)，14

poisoning attack(投毒攻击)，21-22，77-96

alternating minimization(交替最小化)，89-90

black-box attack(黑盒攻击)，95-96

general framework(通用框架)，93-95

label-flipping attack(标签翻转攻击)，79-81

malicious data insertion(恶意数据插入)，81-83

matrix completion(矩阵填充)，87-93

mimicry(模仿)，92-93

nuclear norm minimization(核范数最小化)，91

supervised learning(监督学习)，78-83

unsupervised learning(无监督学习)，84-87

poisoning defense(投毒防御)，99-110

polymorphic blending attack(多态混合攻击)，28

principal component analysis(主成分分析)，11

Q

Q-function(*Q* 函数)，15

R

regression(回归)，6-7

regularization(正则化)，6，7

restrained attack(受限攻击)，35

retraining(再训练)，67-68

robust classification(鲁棒分类)，99-101，105-106

robust learning(鲁棒学习)，99-110

best of many samples(许多样本中最好的)，99

outlier removal(离群点去除)，100-104

robust matrix factorization(鲁棒的矩阵分解)，106-109

robust PCA(鲁棒 PCA)，106-109

S

separable cost function(可分离代价函数)，33

Stackelberg equilibrium(Stackelberg 均衡)，55

Stackelberg game(Stackelberg 博弈)，54

Strong Stackelberg equilibrium(强 Stackelberg 均衡)，56

supervised learning(监督学习)，5

T

transferability(可迁移性)，123

trimmed optimization(修剪优化)，109-110

trimmed regression(修剪回归)，104-105

U

unsupervised learning(无监督学习)，10-12

V

value function(价值函数)，15

W

white-box attack(白盒攻击)，22

white-box evasion attacks(白盒规避攻击)，32-45